Beyenan NGARASNDI

Produção e comunicação do algodão no Chade de 1928 a 2017

Beyenan NGARASNDI

Produção e comunicação do algodão no Chade de 1928 a 2017

Os desafios socioeconómicos e políticos da cultura do algodão no Chade

ScienciaScripts

Imprint

Cover image: www.ingimage.com

This book is a translation from the original published under ISBN 978-620-6-70122-4.

Publisher:
Sciencia Scripts
is a trademark of
Dodo Books Indian Ocean Ltd. and OmniScriptum S.R.L publishing group

120 High Road, East Finchley, London, N2 9ED, United Kingdom
Str. Armeneasca 28/1, office 1, Chisinau MD-2012, Republic of Moldova, Europe
Printed at: see last page
ISBN: 978-620-8-03001-8

Conteúdo

DEDICAÇÃO

Os meus pais Ngarasndi Naidombal e Romneloum Madeleine e o meu tio Clamra Célestin.

RESUMO

A indústria do algodão foi introduzida no Chade durante o período colonial e tem sido uma fonte de desenvolvimento económico e social considerável. Após a introdução da cultura do algodão, foram criadas várias fábricas de descaroçamento no sul do país, geridas pela COTONFRAN, em conformidade com o acordo comercial estabelecido pelas empresas de algodão em África. Assim, a cultura do algodão foi imposta pelas autoridades à população local, com o apoio dos chefes tradicionais para a sua expansão. As populações locais tiveram dificuldade em adaptar-se aos sistemas e métodos de cultivo, obrigando a administração colonial a segui-los durante as campanhas agrícolas e comerciais. Ao longo dos anos, esta cultura modificou em grande medida o mundo rural através da tração animal, da motorização e das infra-estruturas que permitiram a sua expansão. No contexto estrutural, o governo criou centros de formação em investigação técnica para apoiar os produtores de algodão na zona sudanesa. Estes factores incentivaram o desenvolvimento da produção de algodão, tornando o Chade num dos principais países produtores de algodão do mundo na década de 1980. Mas a queda dos preços mundiais alterou a tendência da produção de algodão do Chade nos últimos anos, em comparação com outros países da África Central e Ocidental. Esta situação deve-se a uma má organização do COTONTCHAD na distribuição dos factores de produção, a uma supervisão deficiente, a atrasos na recolha do algodão em caroço e no pagamento aos produtores, bem como ao aumento dos preços dos factores de produção e do equipamento agrícola.

Palavras-chave: produção, comercialização, algodão, Mandoul Oriental, Chade.

RESUMO

O sector do algodão entrou no Chade durante o período colonial e é uma fonte de desenvolvimento económico e social considerável. Após a sua introdução, foram criadas muitas fábricas na parte sul do país, geridas pela empresa COTONFRAN, de acordo com o contrato comercial estabelecido pelas empresas de algodão em África. Assim, a cultura do algodão foi imposta pela administração às populações locais, apoiada pelos chefes tradicionais para a sua expansão. Estas têm dificuldade em adaptar-se aos sistemas e métodos agrícolas que obrigam a administração colonial a segui-los durante as campanhas agrícolas e comerciais. Ao longo dos anos, esta cultura modificou o mundo rural, em grande parte através da tração animal, da motorização e das infra-estruturas que permitem a sua extensão. No contexto estrutural, a administração criou centros de formação de investigação técnica para supervisionar os produtores de algodão na zona sudanesa. Estes factores contribuíram para o desenvolvimento da produção de algodão, fazendo do Chade um grande país produtor de algodão na década de 1980, mas o declínio dos preços mundiais alterou a tendência da produção de algodão chadiana para baixo nos últimos anos, em comparação com outros países da África Ocidental e Central. Esta situação deve-se à má organização do COTONTCHAD na distribuição dos factores de produção, a falhas de gestão, a atrasos na retirada do algodão em caroço e no pagamento aos produtores, bem como ao aumento dos preços dos factores de produção e do equipamento agrícola.

Palavras-chave: produção, comercialização, algodão, Mandoul Oriental, Chade.

INTRODUÇÃO GERAL

I - Apresentação do tema

Os sectores do algodão desempenham um papel importante no desenvolvimento de certos países africanos. [1]Contribuem de forma significativa para o produto interno bruto desses países e empregam milhões de pessoas que deles retiram a maior parte do seu rendimento monetário. [2]Nalguns países, nomeadamente os da zona do Franco, o algodão representa cerca de 10% do produto interno bruto. A cultura do algodão foi introduzida em 1928 e tornada obrigatória pela administração colonial. Para além do petróleo, o algodão é o principal produto de exportação do Chade. [3]O algodão desempenha um papel fundamental na economia do país e constitui o meio de subsistência de mais de três milhões de chadianos, ou seja, quase um terço da população total do país. A agricultura é uma parte essencial da economia de todos os países africanos. [4]Desempenha um papel essencial na satisfação das necessidades humanas, tais como a erradicação da pobreza e da fome, a promoção do comércio e do investimento interafricanos, a rápida industrialização e diversificação económica e a gestão sustentável dos recursos e do ambiente. O presente estudo resume o panorama histórico e económico da África em geral e o desenvolvimento socioeconómico do Chade em particular. [5]O Chade continua a ser um país agrícola, confrontado com a insegurança alimentar e o fraco desempenho da sua agricultura, que continua a empregar cerca de 80% da sua população ativa e a contribuir com quase 40% do PIB . Por conseguinte, o tema que nos ocupa neste estudo é **"A produção e a comercialização do algodão na região de Mandoul Oriental (Chade) de 1928 a 2016"**.

II - Razões para escolher este tema

Há duas razões para escolher este tema: científica e pessoal.

A nível científico, este trabalho mostra a dinâmica da produção de algodão no Chade, que contribui para o desenvolvimento económico. A produção de algodão no Chade permitiu o desenvolvimento de culturas alimentares graças ao acesso a fertilizantes. A produção agrícola nacional está sujeita a uma série de riscos climáticos e pode variar significativamente de um ano para o outro, criando uma situação de insegurança alimentar quase permanente. [6]Todos os anos, o país esforça-se por absorver os produtos cerealíferos através de importações comerciais e de ajuda alimentar. [7]É por isso que várias organizações estão a trabalhar no Chade para combater a insegurança alimentar, incluindo o Programa das Nações Unidas para o Desenvolvimento (PNUD) . O PNUD fornece toda a assistência técnica, material e financeira necessária para a execução do plano de ação do programa, com vista a ajudar os países pobres, a consolidar a paz e a estabilizar as comunidades, a fim de se colocarem na via da recuperação económica e da realização dos Objectivos de Desenvolvimento do Milénio (ODM). [8]Esta assistência foi prestada em conformidade com os princípios da Declaração de Paris e da Agenda de Ação de Acra sobre a eficácia da ajuda, com ênfase no reforço das

---

[1] Privatização e liberalização dos sectores africanos do algodão.
[2] *Ibid.*
[3] N:/OZ/Expansion/2005/contracts/Global/GFCprojects/GFC1/Tchad/125339-Tchad-Privatisationcoton/Documents/Rapportfinal/Rap_final_cowi_3.Doc, consultado em 05 de maio de 2017
[4] NEPAD, 2013, *Les agricultures africaines, transformations et perspectives*, novembro, p. 72.
[5] FAO, 2004, *Organização das Nações Unidas para a Alimentação e a Agricultura.*
[6] FAO, 2004, Programme Nationale d'Investissement à Moyen Terme (PNIMT) au Tchad, p.39.
[7] *Ibid.*
[8] *Ibid*, p. 39.

capacidades nacionais para uma participação e apropriação efectivas.

A nível pessoal, a escolha deste tema não é uma questão de acaso, mas o sector industrial e comercial tem sido uma alavanca para o desenvolvimento económico do Chade durante décadas, até aos dias de hoje. Constatámos que a produção e a comercialização do algodão contribuem para o desenvolvimento socioeconómico do país. Com efeito, este sector de atividade exige uma mão de obra suficiente, e a maioria da população da região e muitas outras estão empregadas nas fábricas de descaroçamento de algodão.

III - Interesse pelo tema

Este trabalho aborda a produção e a comercialização do algodão no sector agroindustrial no sul do Chade para o desenvolvimento económico e social. A questão da produção agrícola tem as suas origens na história mundial, especialmente em África, que é considerada o berço da humanidade. No entanto, quatro interesses estão subjacentes a este trabalho: científico, político, social e económico.

Do ponto de vista científico, a produção de algodão exige um trabalho baseado na experiência de estudo das sementes adaptadas ao solo, dos adubos azotados, fosforados, potássicos (NPK) e ureicos, dos pesticidas, dos equipamentos e das baterias (medidas preventivas). [9]De referir ainda que os produtores de algodão são controlados pelos Agents Cotonniers de Terrain (ACT), criados pelo Office National du Développement Rural (ONDR), pelo Institut de Recherche du Coton et des Textiles (IRCT) no Chade e em muitos países da zona do Franco.

Politicamente, o Estado detém o monopólio do controlo da gestão da empresa em benefício da sociedade, participando na tomada de decisões sobre o preço do algodão, a organização e o desenvolvimento da COTONTCHAD. A produção de algodão permite ao Estado chadiano desenvolver a sua economia e estabelecer relações diplomáticas com o exterior.

A nível social, a produção e a comercialização do algodão desempenharam um papel importante na vida da população do Chade. Permitiram à população chadiana integrar-se socialmente no mercado ao nível da exploração agrícola (mercado autogerido) e também ao nível da fábrica de descaroçamento. Além disso, estas actividades conduzem à coesão social, ao crescimento demográfico e ao aparecimento de outras actividades na localidade, como a criação de escolas, de distritos sanitários, de associações de aldeia, de poços de água e de centros de formação profissional.

[10]Em termos económicos, o algodão contribui para 40% da produção agrícola do Chade, apesar da queda dos preços, representando 63% das exportações oficiais em 1987, contra 87% em 1984. Desde então, a produção e a comercialização do algodão têm desempenhado um papel importante na vida económica do país, apesar das crises que atravessou.[11]

IV - Quadro concetual

O estudo da produção e da comercialização do sector do algodão no Chade, iniciado em 1928, desempenhou um papel importante no desenvolvimento socioeconómico do país. Para o efeito, convém definir os seguintes conceitos: produção, comercialização, algodão e desenvolvimento.

---

[9] Grupo de Trabalho e Cooperação Francesa, p. 42.

[10] R. Georges, 1989, *Le coton en Afrique de l'Ouest et du Centre*, situation et perspectives, Montpellier: CIRAD-MESRU, p. 53.

[11] P. Artus, 1998, "Les entreprises françaises vont-elles recommencer à s'endetter?", *Revue d'économie Financière*, n.º 46, Endettement/Surendettement, https: //www. Org/stable/42903599 ? seq = page_scan_tab_contents, acedido em 27 de março de 2017.

[12]O Dictionnaire Robert alphabétique et Analogique de la langue française define a produção como a ação de causar ou produzir (um fenómeno). É o ato de produzir mais ou menos (falando da terra, de uma empresa) dos bens criados pela agricultura ou pela indústria. A produção é também o ato de assegurar as condições para a criação de riqueza económica (bens, serviços); a fase da economia em que a produção tem lugar. Segundo os marxistas, a produção é a combinação das forças produtivas e das relações sociais de produção. Estas últimas referem-se às relações sociais, ou seja, às relações que as pessoas mantêm entre si num determinado modo de produção.

[13]De acordo com o dicionário Larousse, a produção é a "transformação de uma matéria-prima num produto" através do trabalho. O conceito de produção varia de uma doutrina para outra: os fisiocratas, os marxistas, os clássicos e os neo-clássicos. São três os conceitos envolvidos: os Factores de Produção; os bens ou serviços envolvidos na produção de um bem; e o modo de produção. A produção é um conceito teórico que considera a totalidade social como uma estrutura em que o nível económico é, em última análise, decisivo (materialismo histórico). As relações de produção, para além das relações técnicas, correspondem às relações sociais que se desenvolvem com base na propriedade dos meios de produção. [14]Determinam a divisão da sociedade em classes.

[15]De acordo com Joël Privost em Les mots de l'économie, a produção refere-se a qualquer atividade mercantil ou não mercantil considerada como produzindo valor. Engloba o fabrico de bens e a prestação de serviços. A produção envolve um certo número de factores, designados por factores de "produção". São eles: o trabalho, o capital e os recursos do solo e do subsolo (terra). A produção é, de facto, uma combinação de factores que é realizada de acordo com o custo e a eficiência esperada de cada um deles. O autor define a produção mercantil e a produção não mercantil.

Produção mercantil: bens e serviços efetivamente vendidos num mercado a um determinado preço. A produção não mercantil, por outro lado, refere-se a bens e serviços que satisfazem as necessidades dos consumidores fora do mercado (ou seja, que não são vendidos) ou que são vendidos a um preço inferior ao seu custo real. É o caso, por exemplo, da maioria dos serviços prestados pelos administradores.

[16]O Dixeco da economia define a produção como a quantidade de bens produzidos durante um ciclo de fabrico ou num determinado período de tempo. No mercado, a produção transforma-se em oferta. Resulta da combinação de vários factores: matérias-primas, trabalho e capital, conhecidos como factores de produção.

[17]A comercialização, segundo o dicionário Larousse, é a ação de marketing. Comercializar é colocar no mercado, lançar, desenvolver a distribuição comercial de um produto. Na mesma lógica que a palavra marketing, aparece a palavra comercial, que significa tornar objeto de uma troca.

Comércio: do latim "commercium", é uma operação cujo objetivo é a venda de uma mercadoria, de um valor, ou a sua compra para a devolver depois de a ter transformado ou

---

[12] G. Dumond, 1982, *Le Robert alphabétique et analogique française*, Paris, Gallimard, p.1398.

[13ème] J . Pierre, 2008, *Larousse illustré*, 6ª edição, L'Harmattan, p. 824.

[14] M. Grawitz, 2004, *Lexique des sciences sociales*, 8ª edição, Dalloz, p.327.

[15] J. Privost, 1986, *Les mots de l'économie*, Paris, L'Harmattan, p. 301.

[16] C. [ère]Coch, 1984, *Dixeco de l'économie*, 1 edição, Paris, Gallimard, p. 83.

[17] M. Grandmangin, 1987, *Dictionnaire Larousse*, Paris, Gallimard, p. 225.

não; a empresa que realiza esta operação. [18]Trata-se de transacionar, comprar, vender, fazer circular, transitar, transportar, bancarizar e cambiar. É uma atividade de troca que pode ser entendida a dois níveis: a nação e o mundo, ou seja, o comércio nacional e o comércio internacional. A nível nacional, o estudo do comércio está diretamente relacionado com o estudo das redes de venda e de distribuição que ligam os indivíduos e os produtores através da troca de mercadorias. [19]No plano internacional, o comércio revela tanto as relações entre as nações como a globalização da economia e a crescente perda de controlo por parte dos Estados.

O algodão: derivado do árabe *qutuun,* é uma fibra vegetal que envolve as sementes do "verdadeiro" algodoeiro (*Gossypium Sp.*), um arbusto da família das Malváceas. [20]Esta fibra é geralmente transformada em fio, que é tecido em tecidos . O algodão é o fruto do algodoeiro, uma planta herbácea ou arbusto originário da Índia, com flores amarelas ou cor-de-rosa, cultivado em regiões quentes para produzir algodão, grãos e óleo. Existem quatro espécies de algodoeiro: *Gossypium hirsutum*, que tem folhas peludas e flores brancas a creme de novembro a maio. Os seus frutos são cápsulas redondas e lisas, com estames e um estigma bastante curto. *O Gossypium berbaceum* é a variedade do algodão, com flores amarelas claras em julho e agosto e cápsulas de frutos pequenos e redondos. *Gossypium arboreum*, que apresenta folhas com lóbulos arredondados muito pronunciados, flores amarelas claras e frutos em cápsulas alongadas. *O Gossypium barbadense* tem folhas lisas e flores com estigmas longos que sobressaem dos estames. [21]Na base das pétalas amarelas existem manchas vermelhas e os frutos são cápsulas alongadas. [ème22]O algodão é uma cultura comercial em África, em geral, e no Chade, em particular, durante o período colonial, mas não era conhecida pelas populações a sul da bacia do Lago Chade até ao século XIX .

Desenvolvimento: de acordo com o dicionário Grand Robert, desenvolvimento é o ato de crescer. Refere-se ao crescimento e à realização.[23] Serge Latouche vê o conceito de desenvolvimento como uma invenção do Ocidente para padronizar o mundo à sua imagem. Ele considera que, para o Terceiro Mundo, o termo se refere à colonização económica, à desigualdade e à destruição do ambiente e da cultura. Latouche atribui à palavra desenvolvimento vários adjectivos: desenvolvimento egocêntrico, desenvolvimento endógeno, desenvolvimento participativo, desenvolvimento comunitário, desenvolvimento equitativo, microdesenvolvimento e o 24
desenvolvimento local.[24]

[25]François Perroux define o desenvolvimento como "a combinação de mudanças mentais e

[18] A. [ème]Maurois, 1937, Dictionnaire de l'Académie français, 8ª edição, Mercure de France, https://fr.wikionary.org/wiki/commerce, acedido em 30 de março de 2017.

[19] Sítio Web das Edições Larousse, www.larousse.fr./encyclopedie/divers/commerce/35477, acedido em 13 de março de 2017.

[20] Ficheiro://D:/coton-wikipedia.htm, acedido em 13 de março de 2017.

[21e] A non, 1991, *Mémento de l'agronome*, Ministère de la Coopération et du Développement, 4 Edition, Paris, Coleção " Techniques Rurales en Afrique ", citado por Djoubdje Alamine, 2013, " L'impact de la culture du coton dans la Tandjile-Est (Tchad) :1930-2012 ", Mémoire de Master en Histoire, Université de Ngaoundéré, p.85.

[22] G. Magrin, 2001, "Le sud du Tchad en mutation : des champs du coton aux sirènes de l'or noir", tese de doutoramento em geografia, Universidade de Paris, Panthéon-Sorbonne, p.82-84.

[23e] J osette Rey-Debove, 1999, *Le dictionnaire grand robert*, CLE international 27, rue de la Glacière, Paris XIII , p 129.

[24] S. Latouche, 1989, *L'occidentalisation du monde : Essai sur la signification, la portée et les limites de l'uniformisation planétaire*, Paris, la découverte. en.m.wikipedia.org/wiki/File: serge-latouche.jpg, consultado em 13 de março de 2017.

sociais que permitem a uma nação alcançar um crescimento cumulativo e duradouro do seu produto real global" .
[26]Desenvolvimento rural: refere-se à gestão do desenvolvimento humano e à orientação da mudança tecnológica e institucional para melhorar a inclusão, a longevidade, o conhecimento e o nível de vida nas zonas rurais, num contexto de equidade e sustentabilidade .
[27]Desenvolvimento sustentável: consiste na exploração harmoniosa do ambiente, preservando a sua degradação contínua na sociedade humana. [28]Jean Marc Ela considera que, para os governos, o desenvolvimento sustentável parece implicar o cultivo de algodão ou de culturas de rendimento, razão pela qual o Estado destaca os seus agentes para formar os produtores de algodão .
Marketing: todos os estudos e acções envolvidos na criação de produtos que satisfaçam as necessidades e desejos dos consumidores e que assegurem a sua comercialização nas condições mais rentáveis. Inclui todas as actividades que levam os produtos do produtor ao consumidor. [29]Para além das vendas, estas actividades incluem funções como as compras, o transporte, o armazenamento, as finanças e a publicidade.
Segundo B. Bathelot, o marketing é o conjunto das acções destinadas a estudar e a influenciar as necessidades e os comportamentos dos consumidores. [30]Permite adaptar continuamente a produção e o aparelho comercial em função das necessidades e dos comportamentos previamente identificados.
Transporte: do latim *trans*, que significa para além de, e *partare*, que significa transportar. O transporte é o ato de levar algo ou alguém de um lugar para outro. Inclui a noção de veículo e de via de comunicação (estrada, canal). [31]As vias de comunicação fazem parte das infra-estruturas de transporte, tal como as obras de arte (pontes, túneis) e os edifícios (estações, parques de estacionamento) que lhes estão associados.

V - Quadro teórico

Uma teoria é definida como um conjunto de leis elaboradas por pensadores para serem aplicadas a um determinado domínio ou fenómeno. No que diz respeito ao nosso trabalho, foram desenvolvidas muitas teorias relacionadas com a produção e comercialização de culturas de rendimento no mundo em geral e em África em particular. Assim, para realizar este estudo, recorremos a teorias relacionadas com as abordagens histórica, económica, sociológica e política.

A teoria clássica do comércio internacional desenvolvida por Adam Smith deu origem ao debate sobre o modelo das vantagens comparativas desenvolvido por David Ricardo em 1817. No século XVIII, o comércio internacional opunha-se à doutrina mercantilista. Foi objeto de análises científicas iniciadas pelo fundador da economia moderna, Adam Smith. O seu trabalho tinha por objetivo demonstrar que o comércio entre nações traz um ganho líquido

---

[25ème] F . Perroux, 1964, *L'économie du XX siècle*, Paris, PUF, p. 62.

[26] https://www.aquaportail.com/definition_5841_developpement rural.htm, consultado em 30 de junho de 2017

[27] https://fr.wikipedia.org/wiki. Histoire de_la_culture du coton, consultado em 30 de junho de 2017

[28] J-M. Ela, 1994, Afrique : l'irruption des pauvres. Société contre l'Ingérence, pouvoir et Argent, L'Harmattan, Paris, p.100. Citado por Djoubdje Alamine, 2013, "L'Impact de la culture du coton dans la Tandjile-Ouest (Tchad): 1930-2012", Universidade de Ngaoundéré, p. 9.

[29] J. C. Chebat e B. G. Simard, 1971, *Le vendeur méconnu dans connu*, www.cnrt/en/definition/marketing, consultado em 26 de junho de 2017

[30] B. Bathelot, 2015, "L'encyclopédie illustrée du marketing", https://www.google.com/search?q=marketing&ie=utf-8a&oe=utf-8, consultado em 26 de junho de 2017

[31] Site Transports- Ministère de l'écologie, du développement et de l'aménagement durables: http://www.transports.equipement.gouv.fr, consultado em 26 de junho de 2017

para as nações que o praticam. Segundo ele, um produto só é exportado quando tem custos mais baixos e produtividade mais elevada do que os produtos concorrentes.
[32]O economista britânico Adam Smith, fundador da economia moderna, era um defensor resoluto dos mercados livres e do comércio livre, e os seus argumentos são indiscutíveis: o comércio livre permite que os países beneficiem das suas vantagens comparativas; todos os países ganham quando cada um se especializa nas áreas em que se destaca.
O modelo de comércio internacional desenvolvido por Adam Smith baseia-se na noção de vantagem absoluta, no princípio da especialização e na divisão internacional do trabalho. A noção de vantagem absoluta pressupõe que os países dispõem de uma dotação inicial abundante de recursos naturais ou de progressos tecnológicos em determinados sectores de atividade. O princípio da especialização estipula que cada país deve especializar-se nos domínios de atividade em que não dispõe de uma vantagem absoluta.
Segundo Adam Smith, a divisão internacional do trabalho beneficia todos os países comerciais do mundo e conduz a uma afetação óptima do trabalho. Se é verdade que, de um ponto de vista teórico e analítico, o modelo de Adam Smith de especialização internacional do trabalho permite explicar certas vantagens da abertura à autarquia, há que reconhecer que, empiricamente, esta abordagem continua a ser insatisfatória. Muitos países continuam a exportar produtos para os quais não têm qualquer vantagem absoluta. Além disso, há países que são importadores líquidos de todos os produtos. Estas críticas levaram David Ricardo a rever o conceito de vantagens absolutas através de uma abordagem baseada em vantagens relativas. Ricardo contestou a teoria das vantagens absolutas de Adam Smith, explicando que o raciocínio deveria basear-se não nos custos absolutos, mas nos custos relativos. [33]Segundo Boussard , David Ricardo é o verdadeiro autor da justificação do comércio entre nações que os economistas nunca apresentaram. Baseando-se na teoria das vantagens relativas ou comparativas em termos de dotação de factores naturais ou de avanços tecnológicos, David Ricardo demonstrou que o comércio internacional é mutuamente vantajoso se cada país se especializar na produção em que tem uma vantagem absoluta em termos de custos. Embora próximo da ideia de Adam Smith, o modelo ricardiano marca uma diferença importante.
[34]Ricardo demonstrou, em 1817, que todos os países, mesmo aqueles cujos custos unitários de produção são mais elevados do que noutros países para todos os bens, têm interesse em especializar-se na produção de bens em que a sua desvantagem relativa é menor. No entanto, o conceito de vantagem relativa estipula que um país tem uma vantagem comparativa relativa em relação a outro país na produção em que o seu custo é o menos distante do custo do país mais comparativo, ou seja, na produção em que a diferença de custo entre os dois é a menor.
Segundo Smith e Ricardo, o comércio internacional assenta no princípio da divisão internacional do trabalho com base nas vantagens comparativas das nações, com vista a satisfazer as necessidades utilizando menos factores de produção e beneficiando simultaneamente todos os países co-negociantes. A teoria do comércio internacional é muito importante no contexto deste estudo, na medida em que a produção de algodão dos países africanos tem sido objeto de exportações de fibra de algodão à escala mundial. Estes países beneficiaram do custo dos seus produtos, tal como os países importadores.

---

[32] E. J. Stiglitz e A. Charlton, 2005, "*Pour un commerce plus juste*", Paris, PUF, p.497.
[33] J. Boussard et al. 2005, *Libéraliser l'agriculture mondiale, Théories, modèles et réalités,* Paris, Montpellier, p.135.
[34] J. Berthelot, 2001, *La mise en boites du soutien interne ; Attention aux étiquettes mensongères*, Paris, Montpellier, pp. 218-246.

[35]A teoria duopolista da concorrência mostra que as escolhas industriais e comerciais de uma empresa têm um impacto nos resultados dos seus concorrentes. É necessário e natural que, antes de tomar qualquer iniciativa, o gestor da empresa antecipe as reacções da concorrência e prepare a resposta adequada. Esta teoria refere-se à concorrência estimulada pela forte redução da proteção aduaneira e pela livre circulação de capitais. As exportações são diretamente favoráveis ao emprego interno e às importações de filiais de vendas e de produção no estrangeiro, constituindo os vectores de crescimento e de concorrência. [36]Além disso, a concorrência nestes sectores, tradicionais ou novos, tem efeitos mais ou menos desestabilizadores no mercado interno.

A teoria do duopólio levanta outras preocupações que contradizem o ponto de vista de Joan Violet Robinson. Esta última afirma que a concorrência é uma situação inatingível na prática. Na sua teoria, Robinson contrapõe a concorrência imperfeita aos monopólios, considerados pelos teóricos neoclássicos como um caso importante que corresponde à vida económica real. Para ele, a procura é a única fonte de expansão que pode eliminar a poupança e reduzir o papel da concorrência perfeita. Ele acredita que uma economia pode prosperar numa situação de concorrência imperfeita. [37]Mas o problema reside na capacidade da produção nacional para absorver a procura interna.

Adam Smith, por outro lado, estava interessado no comércio internacional como fonte de lucro para as nações e, ao mesmo tempo, opunha-se aos mercantilistas, apresentando dois argumentos: O primeiro argumento é o da vantagem absoluta. [38]O primeiro argumento é o da vantagem absoluta. As importações geram um ganho no estrangeiro e é aconselhável comprar no estrangeiro o que está disponível a um custo elevado. Do mesmo modo, a economia nacional exporta os bens que produz em condições mais vantajosas. O segundo argumento diz respeito à dimensão dos mercados. O princípio do trabalho de Adam Smith refere-se a um motor de crescimento económico limitado pela dimensão do mercado. Isto significa abrir a economia para que esta possa participar num mercado mais vasto e beneficiar de técnicas mais eficientes. [39]Smith demonstra que todas as teorias modernas do comércio internacional estão ligadas a esta ideia de crescimento ao referir-se às "economias de escala internacionais".

No que diz respeito a este estudo, a teoria do Duopólio permitiu-nos abordar uma parte do nosso trabalho, mas estava muito mais centrada na concorrência do mercado, sem abordar o aspeto da procura das famílias, que é o que o nosso trabalho procura analisar.

VI - Quadro cronológico

Os primeiros colonos europeus em África eram sobretudo missionários e comerciantes. Falando dos limites cronológicos deste trabalho, temos de justificar dois marcos que vão de 1928 a 2016.

O marco a montante corresponde à data de 1928, que marca o ano da introdução da cultura do algodão no Chade em geral e na região de Mandoul em particular, tornada obrigatória pela administração colonial. A 5 de maio de 1928, a administração colonial estende a cultura do algodão ao sul do país e o desenvolvimento das estações de descaroçamento é possibilitado e fixado por convenções que instituem a política das zonas a favorecer para o monopólio da

[35] M. Duopole, 1999, *La concurrence selon Porter, le village mondial*, Paris, Gallimard, p. 24.
[36] J. Kraft, 1999, *Le processus de concurrence,* Economica, Paris, Montpellier, p. 4.
[37] J. Robinson, 1993, *L'économie de la concurrence imparfaite*, Paris, Montpellier, p. 65.
[38] E. Hechscher, 1972, *Echange international et croissant, Economica*, Paris, PUF, p. 12.
[39] A. Smith, 1776, The Wealth of the Nation, http://www.leconomiste.eu/descryptage-economie/211-idee- clef-de-la-richesse-des-nations-d-adam-smith.html, acedido em 08 de maio de 2017.

compra do algodão, a exemplo da política já praticada no Congo Belga.
O marco a jusante, que corresponde a 2016, marca o lançamento da campanha agrícola pelo Presidente da República do Chade, com ênfase no novo mandato de cinco anos e na prossecução da mecanização da agricultura para a tornar mais intensiva, bem como na diversificação das culturas. No seu discurso, o Presidente da República do Chade referiu igualmente o reforço das capacidades de produção e de comercialização do algodão. Apelou à cooperação internacional e a parcerias diversificadas para investir na agricultura, a fim de aumentar a produção e garantir a segurança alimentar de todos os chadianos. Para o efeito, o Governo chadiano incentiva os produtores de algodão, aumentando o preço do algodão para 240 francos por quilograma para as colheitas de 2013/2014 e 2015/2016. O Governo chadiano apela, assim, aos agricultores para que invistam na agricultura, a fim de impulsionar a economia nacional.

VII - Contexto geográfico

A região de Mandoul Oriental está situada no extremo sul do Chade, entre as latitudes 8 e 9 graus norte e as longitudes 17 e 18 graus leste. Faz fronteira a norte com as regiões de Tandjilé e Baguirmi, a sul com a RCA, a oeste com a região de Logone Oriental e a leste com a região de Moyen-Chari. [40]Tem uma superfície de 17 727 km2 e uma população estimada em 558 416 habitantes, de acordo com o recenseamento de 2009.
No que se refere à sua situação administrativa, está subdividido em três (03) departamentos, nomeadamente Mandoul Oriental (cidade-chefe Koumra) com seis (06) sub-prefeituras e nove (09) cantões, Mandoul Ocidental (cidade-chefe Bédjondo) com quatro (04) sub-prefeituras e seis (06) cantões e Barh Sara (cidade-chefe Moïssala) com cinco (05) sub-prefeituras e dezassete (17) cantões.
No total, a região de Mandoul Oriental conta com mais de 1.125 aldeias, em constante subdivisão. Os principais grupos étnicos e linguísticos são: os Sara Madjingaye, os Gor, os Daye, os Goulei, os Nangnda, os Nar, os Mbaye e os Toumack.
[41]No entanto, a vida sociocultural da população de Mandul Oriental é animada por estruturas, ritos e costumes tradicionais e religiosos. Atualmente, esta região é habitada por uma população cosmopolita com vários grupos socioculturais de diferentes origens. As estruturas tradicionais são influentes e exercem um poder considerável na tomada de decisões que afectam a vida da população local. [42]A maioria dos chefes de distrito são filhos ou netos dos ocupantes originais das zonas periféricas. As estruturas administrativas estão subdivididas em vários postos, tal como acima referido.
No que diz respeito às estruturas religiosas, são três as principais religiões praticadas na região de Mandul Oriental: o cristianismo (catolicismo e protestantismo), o islamismo e o animismo. De notar também que o animismo é praticado apenas por uma pequena parte da população. O cristianismo vem em primeiro lugar, seguido do islamismo, mas a falta de dados estatísticos fiáveis torna difícil confirmar esta classificação para cada uma destas religiões. Os ritos e costumes frequentemente praticados são diversos e vão desde as cerimónias de iniciação (yondoh, bayan) até aos cultos tradicionais de imploração aos mortos "Nan Begue, Nan Sewe" para pedir a sua bênção em várias ocasiões. Estas incluem a purificação das aldeias, chuvas abundantes e colheitas. Belam" é o sacrifício durante o qual os seguidores

---

[40] Relatório da subprefeitura de Koumra, 2009, Recenseamento da população de Mandoul Oriental, p.15.
[41]Relatório da comuna de Koumra, 2014, Plano de desenvolvimento comunal, p. 21.
[42] *Ibid.*

imploram a bênção dos antepassados para o bem-estar social. Nan Sewe é um sacrifício aos mortos para lhes agradecer a sua proteção, sob qualquer forma, durante o ano passado, e é realizado no final do ano. [43]Nan Begue, o sacrifício de purificação da aldeia, é efectuado quando ocorre um acontecimento infeliz na aldeia.

O clima da região de Mandoul Oriental é sudanês, com duas estações principais: uma estação seca, de novembro a abril, e uma estação chuvosa, de maio a outubro. [44]A precipitação média anual varia entre 600 e 1 200 mm, com um forte período de chuvas entre julho e setembro. [45]Os solos ferruginosos cobrem quase toda a região. Os solos ferralíticos são de cor vermelha e muito sensíveis à erosão hídrica. [46]A textura do solo é arenosa ou silto-arenosa. A região possui também uma fauna doméstica diversificada, que inclui bovinos, ovinos, caprinos, suínos e aves de capoeira. Com exceção das aves de capoeira, que são mais ou menos mantidas em concessões, os restantes animais domésticos (bovinos e suínos) estão constantemente em movimento e causam graves danos à agricultura. No que respeita à fauna selvagem, esta é pobre e é constituída por alguns répteis raros, como os margouillats, as cobras e os lagartos-monitores. O mapa abaixo mostra a região de Mandoul Oriental entre muitas outras no sul do Chade.

Figura 1: Localização da região de Mandul Leste

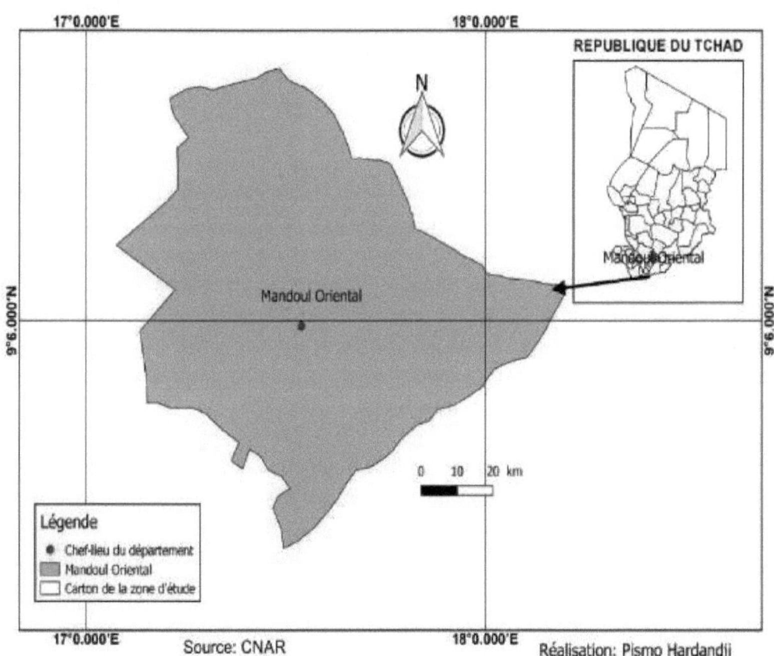

Relatório da Comuna de Koumra, 2014, pp.42-43.
Relatório ONDR, 2012, La statistique sur la pluviométrie dans le Mandoul Oriental, p. 5.
Ibid, p.15.
Ibid.

VIII - Revisão da literatura

A questão da produção e da comercialização resume-se às actividades agrícolas e comerciais, que deram origem a numerosos estudos realizados por autores de todo o mundo. Estes estudos centram-se na agricultura, considerada como uma das actividades mais importantes para o desenvolvimento económico mundial e nacional.

[47]Mahamat Sorto, na conferência sobre Spirulina no Níger em 2006 e na conferência sobre Spirulina em Madagáscar em 2008, falou de um projeto para melhorar a produção de Spirulina natural tradicional, a "dihé" kannembou das margens do Lago Chade. Este projeto O projeto teve início em 2007, quando a produção de dihé tradicional estava estimada em cerca de quatrocentas toneladas. Nove grupos de mulheres muito activos, apoiados pelo projeto, produziram cerca de dez toneladas de dihe melhorado em 2007 e 2009. [48]Com algumas melhorias adicionais, prevê-se a exportação num futuro próximo a um preço de custo de cerca de 8 euros por quilograma. O projeto é financiado pela União Europeia e gerido pela Organização das Nações Unidas para a Alimentação e a Agricultura (FAO).

Em 2010, Mahamat Sorto e os grupos de mulheres realizaram um filme que mostrava as melhorias introduzidas na colheita do dihe: peneiração da biomassa, filtragem em tecido, prensagem manual, extrusão e secagem solar ao abrigo, moagem no moinho e acondicionamento em sacos de plástico termosselados. O autor quis introduzir uma abordagem nova e moderna na produção de dihe, que era feita de forma tradicional.[49] Este trabalho permite-nos analisar o conteúdo da nossa disciplina sobre a produção e a comercialização do algodão, mas sem ter em conta a política dos Estados em causa no que respeita ao preço do dihe no mercado externo. Para o efeito, o nosso trabalho destaca a intervenção dos Estados na produção e gestão das culturas de rendimento na zona franca.

[50]Antoine de Montchrétien, na história do pensamento económico, afirma que a agricultura, a indústria e o comércio são interdependentes. [51]Para ele, a agricultura desempenha um papel fundamental na economia: "a lavoura [...] deve ser considerada como o princípio de todas as faculdades e riquezas" . Mas se a agricultura é fundamental, ela deve ser acompanhada pela produção industrial, que é o futuro e o complemento dos produtos agrícolas. Quanto ao comércio, é um elemento essencial para a expansão de uma sociedade baseada na divisão do trabalho e na prossecução do progresso técnico. A. de Montchrétien recorda que as necessidades geram a procura, que impulsiona a produção. É a procura do lucro que determina a ação humana.

[52]Baba Dioum et al demonstraram que em África, como em qualquer outro lugar do mundo em desenvolvimento, o desenvolvimento agrícola contribui mais para o desenvolvimento económico do que qualquer outra área. Este facto conduziu a um aumento global dos rendimentos nas zonas rurais, onde vive e trabalha a maioria das pessoas vulneráveis e pobres.

---

[47] Mahamat Sorto, 2006, L'amélioration de la qualité de Dihe, la spiruline récoltée au Tchad, Spirulina-gadez.free.fr/0503pm.htm, consultado em 05 de março de 2017.

[48] Mahamat Sorto, 2006, p. 7.

[49] http://www.dailymotion.com/video/Xcu89hproduction de - spiruline-au-Lac-tchao lifestyle, acedido em05 de março de 2017.

A. de Montchrétien, 1993, *Histoire des pensées économiques*, Paris, Sirey, p.89.

Ibid.

[52] B. Dioum et al, 2008, "Cadre pour l'amélioration des infrastructures rurales et la capacité pour l'accès au marché, étude réalisée par un groupe d'experts, sous les hospices de la conférence des ministres de l'agriculture de l'Afrique de l'Ouest et du Centre (CMA/AOC)", pp. 17-26.

Desta forma, o sector agrícola estimula o desenvolvimento de outros sectores da economia, incluindo a procura de bens e serviços produzidos fora do sector. Além disso, este sector reduz positivamente o nível de pobreza, a fome e a subnutrição, aumentando a oferta de alimentos. [53]Melhora também o acesso a melhores alimentos através do aumento dos rendimentos nas zonas rurais e noutros sectores da economia. Este trabalho permitiu-nos estudar a dinâmica da agricultura em África, mas ignora os seus impactos negativos no ambiente, que o nosso trabalho pretende abordar.

[54][55]Beyem Roné mostra o papel da cultura do algodão na industrialização do sul do Chade. Na sua opinião, a cultura do algodão é anterior ao regime de Ngarta Tombal baye, remontando ao período colonial. A criação de indústrias obedecia a regras económicas relacionadas com a rentabilidade e a existência de matérias-primas no local onde se pretendia instalar uma indústria. O autor menciona a região de Mayo-Kibbi, que não beneficiou de certas indústrias, embora reunisse as condições necessárias para acolher os administradores coloniais. Esta obra permite-nos estudar as relações diplomáticas entre o Chade e os países do Norte no que respeita à cultura do algodão. No entanto, as preocupações das populações locais não foram tidas em conta, nomeadamente no que diz respeito ao impacto da cultura do algodão, que nos interessa analisar neste estudo.

[56]Robert Buijtenhuijs aborda a questão da exploração económica do Chade (cultura do algodão) como tendo contribuído para uma disparidade regional que acentua o fosso Norte-Sul. O seu estudo centra-se muito mais na dimensão política do assunto, descrevendo o papel desempenhado pela economia do algodão face às crises que o país atravessa. Na sua opinião, a introdução da cultura do algodão provocou uma certa perturbação nas estruturas das sociedades tradicionais. Para ele, os principais beneficiários do algodão são a COTONFRAN, que mais tarde se tornou COTONT-CHAD, a C.F.D.T (Compagnie Française de Développement des Fibres Textiles) e o governo do Chade, mas não os produtores de algodão. Este trabalho parece-nos interessante na medida em que o autor sublinha a importância da cultura do algodão em benefício do Estado chadiano e das empresas instaladas, mas não tem em conta outras culturas que podem ajudar os agricultores nas mesmas terras onde cultivam o algodão. São os efeitos dos fertilizantes no solo cultivável que nos interessam estudar.

[57]Jean Pierre Magnant discute o mecanismo de imposição da cultura do algodão, depois de recordar o objetivo da colonização, que é a exploração económica das colónias. Também aborda a questão do imposto de capitação e de outros direitos a que as populações estavam sujeitas. No entanto, Magnant concentra a sua reflexão sobretudo na parte oriental do sul do país.

[58]Régine Levrat, publicada em 1950, descreve os movimentos populacionais organizados pelo governo dos Camarões como o principal fator de desenvolvimento do extremo norte. Não só

---

[53] ECA, 2012, "Regional integration in West Africa: regional agricultural value chains to integrate and transform the agricultural sector, Comissão Económica para África. Gabinete Sub-Regional para a África Ocidental", p. 32.

[54] Beyem Roné, 2000, Tchad : *l'ambivalence culturelle et l'intégration nationale*, Paris, L'Harmattan, p. 82.

[55] J-L. Charléard, 2003, *Cultures vivrières et commerciales en Afrique Occidentale*, Nantes (França), Éditions du temps, pp. 267-447.

[56] R. Buijtenhuijs, 1978, *Le Frolinat et les révoltes populaires du Tchad*, Paris, Mouton, p. 78.

[57] J. P. Magnant, 1987, *La terre sara, terre tchadienne*, Paris, L'Harmattan, citado por ARMI Jonas, 2003, "L'économie cotonnière dans la région de Pala au Tchad (1925-2000)", tese de mestrado em História, Universidade de Ngaoundéré, p. 5.

[58] R. Levrat, 1950, *Culture commerciale et développement rural, l'exemple du coton au Nord-Cameroun,* Paris, L'Harmattan, pp. 5-6.

aliviaram a pressão sobre as zonas mais setentrionais, onde o nível de recursos naturais já não era suficiente para satisfazer as necessidades da população, como também permitiram o desenvolvimento de outras zonas mais a sul, favorecidas pelo clima. O autor demonstrou que a produção de algodão não é um fim em si mesmo, sobretudo num país onde a indústria têxtil é praticamente inexistente, e que se a produção dos Camarões desaparecesse amanhã, os índices não se moveriam nem um centésimo de ponto. Levrat explica que o algodão do Norte dos Camarões, de acordo com os desejos dos seus promotores, desempenhou efetivamente o papel de "locomotiva" do desenvolvimento que lhe foi atribuído. É a principal fonte de rendimento dos agricultores e integrou-os na economia nacional. Além disso, salienta que a cultura do algodão favorece as culturas cerealíferas que
[59]permitiram que a zona algodoeira atingisse a autossuficiência alimentar. [60]Para além da produção de algodão, a maior parte da fibra é exportada, gerando receitas significativas em divisas, o óleo de mesa é uma parte importante do cabaz doméstico e os alimentos para animais tornaram-se essenciais para os criadores de gado.

Tendo em conta o que precede, foram realizados muitos trabalhos no domínio agroindustrial, mais especificamente na produção de algodão e de outras culturas de rendimento em todo o mundo, bem como de culturas alimentares. No entanto, estes trabalhos limitam-se à produção científica de algodão, que é o caso do nosso estudo atual na localidade de Mandoul Oriental (Koumra no Chade).

IX - A questão

A introdução da cultura do algodão no Chade e no Mandoul Oriental teve como objetivo a exploração da população local através do trabalho forçado e dos impostos de capitação. Esta cultura foi uma verdadeira alavanca para o desenvolvimento do país, mas nos últimos anos tem sido afetada pelos altos e baixos do mercado internacional, provocando uma quebra na produção de algodão. O algodão é um instrumento de desenvolvimento para muitos países africanos através das políticas comerciais. [61]Em vésperas da Sexta Conferência Ministerial da OMC, é evidente que a instabilidade dos sectores africanos do algodão em geral, e do Chade em particular, continua a ser um motivo de preocupação e um travão ao desenvolvimento.

A produção de algodão coloca o problema do desenvolvimento da região de Mandoul Oriental à medida que esta evolui. Para o efeito, coloca-se a seguinte questão: Como se desenvolveu a produção e a comercialização do algodão na região de Mandoul Oriental no Chade e qual o seu impacto? Esta questão principal dá origem às seguintes questões secundárias: A cultura do algodão foi a causa da abertura do Chade ao mundo exterior? É a causa direta da modernização do sistema agrícola do Chade em geral e de Mandoul em particular?

X - Objectivos da investigação

No âmbito deste estudo, identificámos um objetivo principal.

O objetivo é mostrar a dinâmica da produção e da comercialização do algodão na região de Mandoul Oriental, no Chade. Este objetivo principal é subdividido em objectivos específicos.

- Objectivos específicos

> Apresentar os antecedentes da introdução do algodão no Chade, em geral, e no Mandoul Oriental (Koumra), em particular;

---

[59] R. Levrat, 1950, p.11.

[60] *Ibid.*

[61] E. Hazard, 2005, *Enda prospectives dialogues politiques*, enda éditions, Dakar, p.103.

> Apresentação da produção de algodão;
> Estudar a comercialização do algodão ;
> Demonstrar o impacto da produção e da comercialização do algodão no desenvolvimento socioeconómico da região de Mandoul Oriental.

XI - Metodologia

No âmbito deste estudo, utilizámos uma metodologia em duas fases. A primeira consistiu na recolha de documentos escritos, tais como livros, artigos, teses, dissertações, relatórios de estágio e documentos digitais. A segunda fase consiste na recolha de fontes orais. Estas últimas desempenham um papel importante no contexto da historiografia africana. As fontes orais são materiais registados durante entrevistas com testemunhas. [62]É muito mais valorizada pelos pioneiros da história africana e ensinada nas escolas históricas africanas: a Escola Histórica de Ibadan, a Escola Histórica de Dar Es-Salam e a Escola Histórica de Dakar. [62]Joseph Ki-Zerbo disse que ser historiador "significa escolher o seu tema, os seus centros de documentação e as suas fontes". É nesta perspetiva que as fontes orais são valorizadas na história africana. Para além disso, há dois aspectos importantes nesta metodologia: o método e as técnicas. Estes dois elementos integram uma abordagem multidisciplinar, com recurso a outras disciplinas auxiliares como a sociologia, a geografia, a antropologia e o direito.
Após a recolha dos dados, procedemos ao seu tratamento. Durante a pesquisa, visitámos vários centros de documentação: a Biblioteca da Faculdade de Letras e Ciências Humanas (FALSH) da Universidade de Ngaoundéré, a Biblioteca Central da Universidade de Ngaoundéré, os Arquivos do COTON TCHAD-SN em Koumra, os Arquivos do ONDR, os Arquivos do Ministério da Agricultura e do Desenvolvimento Rural, os Arquivos da Subprefeitura de Koumra, os Arquivos da Comuna de Koumra, os Arquivos do Bureau d'Étude et de Liaison d'Actions Caritatives et de Développement (BELACD) e os Arquivos do Centre d'Étude et de Formation pour le Développement (CEFOD). Estes diferentes centros de documentação permitiram-nos realizar este trabalho. Uma vez recolhidos os dados, tivemos de os analisar e classificar. É importante referir as fontes iconográficas produzidas com câmaras digitais, que constituem as imagens deste trabalho.

XII - Dificuldades de investigação

Este estudo centra-se na produção e comercialização de algodão na região de Mandoul Oriental (Chade) de 1928 a 2016. Encontrámos dificuldades relacionadas com a distância da área de estudo, o que nos obrigou a dispor de meios financeiros para nos deslocarmos. Tivemos dificuldade em aceder a certos documentos por várias razões: a falta de locais adequados para o armazenamento de documentos, a falta de pessoal qualificado para classificar os documentos e a agitação no país, que levou à queima de arquivos e ao saque de documentos nos vários departamentos. Temos dificuldades em recolher dados orais devido à desconfiança de certos funcionários durante o inquérito, e estamos presos ao período de trabalho de campo em que temos de seguir os agricultores até ao campo, à chuva, para recolher informações.

XIII - Plano de trabalho

O plano de trabalho permite que os investigadores avancem na investigação por capítulos.
O primeiro capítulo descreve o contexto em que o sector do algodão se estabeleceu no Chade em geral e no Mandoul Oriental (Koumra) em particular. O objetivo é mostrar o contexto em

---

[62] J. Ki-Zerbo, 1980, *Histoire générale de l'Afrique Tomme I*, Méthodologie et Préhistoire Africaine, p.

que a cultura do algodão foi introduzida no sul do Chade.
O segundo capítulo apresenta a produção de algodão na região de Manoul Oriental. Aborda os factores e os sistemas de produção do algodão através da sua extensão.
O terceiro capítulo analisa a comercialização do algodão ao nível da exploração agrícola e da fábrica de descaroçamento de Koumra. O objetivo deste capítulo é mostrar o processo desde a compra do algodão em caroço até à sua transformação num produto acabado que é comercializado interna e externamente.
O quarto capítulo centra-se no impacto da produção e comercialização do algodão no desenvolvimento socioeconómico da região de Manoul Oriental. São examinadas as vantagens e desvantagens da produção de algodão para o desenvolvimento socioeconómico.

CAPÍTULO I

ANTECEDENTES DA CRIAÇÃO DO SECTOR DO ALGODÃO AUTCHAD

O Chade é um país da África Central onde a cultura do algodão desempenha um papel importante no tecido agrícola do país. [63]Para além de gerar receitas substanciais para o Estado, o algodão constitui um meio de subsistência para mais de 3 milhões de chadianos e contribui para o desenvolvimento rural, nomeadamente no sul do país, uma zona de cultivo de algodão por excelência. [64]A República do Chade, país do Sahel sem litoral, dispõe de um potencial agro-silvo-pastoril considerável. A agricultura e a pecuária continuam a ser os únicos meios de subsistência nas zonas rurais. [65]A cultura do algodão, uma das principais culturas de rendimento (juntamente com o amendoim), foi imposta no sul do Chade a partir de 1920, região geralmente designada por "Chade útil". A cultura forçada do algodão, introduzida pelos colonos franceses, desestabilizou os sistemas agrícolas e a organização das sociedades. A sua adoção conduziu ao abandono quase total da cultura dos cereais e ao consequente empobrecimento dos solos. Assim, esta cultura foi muitas vezes equiparada à insegurança alimentar, pois monopoliza toda a mão de obra camponesa em detrimento da agricultura de subsistência. No entanto, a produção de algodão no Chade está a aumentar, apesar de ter sido afetada por várias crises nos últimos anos.

I - HISTÓRIA DA CULTURA DO ALGODÃO NO CHADE

A ideia de desenvolver a cultura do algodão no Chade remonta à época colonial e foi concebida para servir os interesses económicos do colonizador. Nessa altura, a indústria têxtil francesa dependia das importações de algodão dos Estados Unidos e das colónias francesas na Ásia. Na altura da Guerra Civil Americana, a França tinha dificuldades em abastecer a sua indústria têxtil com matérias-primas. [66]Para evitar a falência da mais importante indústria transformadora francesa, a França metropolitana iniciou uma política de desenvolvimento da cultura do algodão nas suas colónias africanas, começando pela Afrique Occidentale Française (AOF) e depois pela Afrique Équatoriale Française (AEF) . Os territórios ou zonas de implantação da cultura do algodão foram definidos na AEF, mais concretamente no Chade, em Ubangi Chari e, mais tarde, nos Camarões. Este facto é registado pela primeira vez na
A missão de Lenfant ao Chade, em 1904, caracteriza-se por um recenseamento conquistado.
[67]Interroga-se sobre a indiferença da população indígena em relação ao algodoeiro selvagem.
[68]Em 1910, um comandante militar do Chade (coronel Moll) elaborou um "*plano de algodão*" embrionário, mas não pôde prosseguir os seus trabalhos devido ao acordo territorial de 1911, que cedeu o sudoeste do Chade à Alemanha. Só no rescaldo da Primeira Guerra Mundial é que os ensaios de cultivo do algodão foram retomados. Os primeiros ensaios oficiais de

[63] C. Arditi, 1999, "Paysans Sara et éleveurs arabes dans le sud du Tchad", *in L'homme et l'animal dans le bassin du Lac Tchad. Edições IRD, coleção colóquios e seminários,* pp. 557-575.
[64] G. Rameau, 1953, "L'élevage bovin au Tchad", *Revue internationale des produits coloniaux et du matériel, número 282,* C.A.O.M., p. 332.
[65] G. Magrin, 2001, " Le Sud du Tchad en mutation " : *des champs du coton aux sirènes de l'or noir,* Tese de doutoramento em Geografia, Universidade de Paris, Panthéon-Sorbonne, pp. 102-113.
[66] Antonetti, 1927-1931, Discurso e relatório sobre a situação geral da A.E.F., p. 68.
[67] Lenfant, 1909, " Le coton pousse à vue d'œil à proximité des cases, par l'apathie de l'indigène, reste inutile et se perd ", *La découverte des Grandes sources du centre de l'Afrique*, Vol. 37, N° 54, p. 25.
[68] *Ibid.*

cultivo de algodão no Chade foram efectuados em 1921 pelo capitão Delinguette. [69]Cultivou 500 hectares de algodão nas margens do lago Léré e do Mayo-Kebbi, com um rendimento de uma tonelada por hectare.

A cultura industrial do algodão foi finalmente introduzida no Chade em 1928. Inicialmente imposta como cultura obrigatória e forçada, foi progressivamente conquistando o apoio das populações da zona algodoeira. Desde os anos 80, o algodão é reivindicado e aceite pelas populações do sul do país, devido à sua importância e interesse socioeconómico a vários níveis e à sua posição estratégica para o Chade. No entanto, na região de Mayo-Kebbi West, no sudoeste do Chade e no norte dos Camarões, o algodão autóctone era conhecido como um produto de colheita e uma cultura de quintal, antes da introdução da cultura industrial. [70]As populações locais colhiam o algodão, descaroçavam-no e fiavam-no à mão, tecendo-o depois em teares artesanais em tiras estreitas de tecido denominadas "gaback", utilizadas para confecionar peças de vestuário vulgarmente conhecidas por "cover-ups" .

A. Política de cultivo do algodão durante o período colonial

1. Participação da administração na repartição da zona de produção de algodão

Já em 1928, a administração colonial concedeu à Compagnie Cotonnière Congolaise (COTONCO), fundada em Brazzaville em 1926, o monopólio da exploração e da comercialização do algodão chadiano, ao abrigo de um contrato assinado com a empresa. [71]A política francesa caracterizava-se pela teoria da "associação" e pela consciência da sua própria "superioridade moral". Seis (6) anos mais tarde, tinham sido fundadas quatro companhias de algodão em África e tinham sido estabelecidos acordos de repartição de funções entre as companhias concessionárias e a administração colonial. A uma dessas sociedades, a Compagnie Cotonnière de l'Afrique Équatoriale Française (COTONFRAN), uma ramificação da COTONCO, foi concedida a totalidade da zona algodoeira do Chade, bem como quatro subdivisões no norte da República Centro-Africana. [72]A COTONFRAN detém o monopólio da compra da produção, com a obrigação de comprar pelo menos 80% da colheita. Além disso, os acordos de 5 de maio de 1928 definiam as obrigações das empresas algodoeiras, que deviam comprometer-se a construir instalações de descaroçamento. [73]O preço de compra do algodão aos produtores seria fixado anualmente com base nos preços de mercado no Havre. Aquando da renovação dos acordos em 1939 e 1949, foi mantido o conteúdo dos contratos iniciais.

A administração introduziu uma série de novas obrigações, como a redução do transporte do algodão para a fábrica e a criação de centros de compra nas aldeias. A partir de 1934, foram divididas quatro sociedades: a COTONFRAN recebeu as terras de algodão do Chade, bem como as subdivisões de Bouali, Fort-Sibut, Dekoa e Batangafo, em Oubangui; a COTONAF, a COMOUNA e a COTONBANGUI receberam o privilégio de comprar nas regiões de Oubangui. O que estas empresas têm em comum é o facto de serem maioritariamente detidas por estrangeiros (belgas e holandeses). No entanto, os seus conselhos de administração incluíam personalidades francesas, desde há muito ligadas aos círculos coloniais. De facto,

[69] W. Stevelinck, 1953, "Le développement du coton dans la zone Mayo Kebbi, Logone et Moyen Chari", *Marches coloniaux du monde,* número 399, C.A.O.M., p. 75.
[70] Preparado por COTONTCHAD SN e Ministério da Agricultura, p. 25.
[71] A. Sarraut, 1932, *La mise en valeur des colonies françaises*, Paris, Payot, p. 103.
[72] Office National de Développement Rural, 1977-1981, *Proposition pour un programme dans la zone Sud du Tchad,* p. 45.
[73] J. Cabot, La culture du coton au Tchad, Annales de Géographie, Vol.66, N°358, pp. 99-104.

antes de 1930, cada empresa tinha criado um centro experimental no seu próprio território. A COTONFRAN, por exemplo, criou inicialmente duas pequenas fábricas em Moissala e Doba, no sul do Chade, que compreendiam duas descaroçadoras com 40 motosserras e uma exploração de seleção e melhoramento de sementes em Bekamba. [74]Duas outras fábricas de grande capacidade, cada uma com dois descaroçadores de 60 serras, foram depois instaladas em Koumra e Lai. Além disso, no âmbito do acordo assinado com as empresas algodoeiras, o governador da A.E.F. Anttonetti criou, em 1932, um departamento agronómico semi-público em Fort-Archambault, dirigido por um engenheiro agrónomo. [75]Um ano mais tarde, foram criadas duas estações principais, uma no centro de Fort-Archambault (atualmente a cidade de Sarh) e outra perto de Grimari, em Oubangui-Chari. No mesmo ano, foi instalada uma subestação em Bebedjia, no Chade. A partir de então, foram realizados estudos científicos para testar a cultura do algodão em África.

2. Das iniciativas privadas ao envolvimento das autoridades coloniais nas fases experimentais da produção de algodão

No início do século XX, por iniciativa de organismos privados dominados pelos lobbies das indústrias algodoeiras europeias, foram realizados ensaios de cultura do algodão na maior parte das regiões de África. O movimento de promoção da cultura do algodão no continente negro tinha começado na Alemanha, onde o KOLONEL Wirtschafliches komitee tinha conduzido cuidadosamente uma experiência no Togo já em maio de 1900. Além disso, de janeiro a julho de 1901, encarregou o americano J.C. Calloway para estudar a possibilidade de cultivar algodão numa esfera alemã em África. Este efectuou ensaios científicos no distrito de Misahohe, na costa da Guiné. No entanto, os resultados destes ensaios não foram conclusivos devido à humidade da região. No entanto, a campanha de 1902-1903 permitiu o envio de 16 fardos para Bremen. Durante o mesmo período, foram efectuados ensaios na África Oriental, nos distritos de Kiloua, Pongwe e Tanga, mas sem grande sucesso. [76]A partir de então, os territórios do Chade e, em especial, a região de Mayo-Kebbi, então sob bandeira francesa, parecem ser para a Alemanha os países produtores de algodão do futuro. Foi neste mesmo espírito que a British Cotton Growing Association foi fundada em Manchester, em 1902, com o objetivo de promover a cultura do algodão nas colónias inglesas em África. No início de 1903, uma missão de seis peritos foi enviada às várias colónias inglesas da África Ocidental para estudar as possibilidades de produção de algodão do ponto de vista das variedades a utilizar, da mão de obra e do transporte. As várias experiências foram prometedoras, nomeadamente a que foi realizada em torno de Ibadan e Abeokuta, em 2400 hectares, por iniciativa do governador de Lagos, Sir William Mc Gregor, e que resultou no desembarque de 70 toneladas em Inglaterra. [77]O algodão colhido era de boa qualidade e a Associação Britânica de Produtores de Algodão tinha grande confiança no futuro do algodão nos territórios nigerianos, nomeadamente em Ka-no .

No entanto, inspirada nestes modelos, tal como a associação inglesa, em janeiro de 1903 foi fundada em Paris a Colonial Cotton Association, sob a égide de Albert Esnault-Pelterie,

---

[74] C. Marquet, 1930, *L'orientation économique et financière, administration générale*, CEFOD-TCHAD, referência CFB00523, p. 45.

[75] G. Boussenoul, 1939, La culture cotonnière en A.E.F. *la revue politique et parlementaire,* pp. 86-99, citado por ABAKAR KASSAMBA Abdoulaye, 2010, *La situation économique et sociale du Tchad de 1900 à 1960,* tese de doutoramento na Universidade de Estrasburgo, p. 242.

[76] M. Zimmermann, 1911, "L'accord franco-allemand au sujet du Maroc et du Congo", *Annales de Géo- graphié, Année* 1912, Volume 21, Numéro 116, pp. 88-91.

[77] G. Boussenoul, 1939, p. 132.

presidente do Syndicat Général de l'industrie cotonnière française. [78]O seu objetivo era desenvolver a cultura do algodão nas colónias francesas e promover a utilização pela indústria francesa da matéria-prima colhida. [79]As primeiras tentativas de cultivo intensivo de algodão datam de 1903, no vale do médio Níger, na África Ocidental, mas tiveram de ser abandonadas por volta de 1909, devido a repetidos fracassos.
[80]Por outro lado, as colónias alemãs da África Oriental forneceram 551 toneladas de algodão no mesmo ano, apesar das condições desfavoráveis destas regiões para esta cultura. Ao mesmo tempo, no norte da África Equatorial Francesa, foram tomadas medidas semelhantes para promover a cultura do algodão. Por exemplo, antes da criação da associação do algodão, o sindicato francês do algodão confiou ao doutor Decourse uma missão no Chari-Lac Tchad, entre 1902 e 1904, onde foram apresentadas amostras de tecidos aos comerciantes de Fort-Lamy (atual N'Djamena) e aos alfaiates locais. [81]O capitão Lenfried pôde classificar os tecidos mais procurados na África Central e fornecer uma visão geral dos preços oferecidos pelos comerciantes locais. Com este objetivo, o capitão Lenfant foi incumbido de uma missão na região de Bénoué-Tchad, entre 1903 e 1904, para estudar a questão do abastecimento do Chade, bem como as perspectivas de algodão da colónia do Chade. [82]No entanto, o território do Chade pode constituir uma matéria-prima interessante para a França metropolitana e uma atividade principal para a maioria da população chadiana, cujos interesses vão para além da zona algodoeira.

3. A tentativa frustrada de introduzir o algodão nas regiões do Chade

Após o êxito da sua missão de demarcação da fronteira da colónia do Chade com os Camarões alemães, o Major Henri Moll foi encarregado de comandar o território militar do Chade em 1909. [83]Logo que chegou, pôs em prática um plano de produção de algodão na região de Mayo-Kebbi, onde previa um futuro mais prometedor para esta cultura. No entanto, a sua morte em novembro de 1911, que conduziu a um acordo de grandes concessões territoriais à Alemanha na EFTA em troca da supremacia da França em Marrocos, pôs termo a este programa. As regiões do Chade concedidas à Alemanha no âmbito deste acordo incluíam o Logone Oriental e o Mayo-Kebbi com Léré. [84]Através deste acordo, a Alemanha teve acesso a vastas regiões prometedoras para a cultura do algodão, cultura pela qual nunca escondeu o seu interesse.
No entanto, os alemães tinham efectuado vários ensaios para desenvolver a cultura do algodão no sul dos Camarões, mas a experiência foi abandonada devido à humidade da região. [85]Deslocaram então os seus esforços para o norte, onde foi criada uma modesta estação de experimentação híbrida de culturas alimentares e de algodão em Kousseri e uma outra em Pitoa, perto de Garoua, na confluência dos rios Benoué e Mayo-Kebbi, criada em 1912 pelo Dr. Wolf, com 450 hectares dedicados ao algodão.

---

[78] Secretário de Estado dos Negócios Estrangeiros, Plano de Economia e Desenvolvimento, B.D.I.C., setembro de 1968, p. 27.
[79] Ministère de la finance d'Outre-mer, A.E.F, Tchad, Paris, 1948, B.D.I.C, p. 13.
[80] M. Zimmermann, 1911, pp. 185-188.
[81] M. Zimmermann, 1911. 189.
[82] A. P. Eya'a Akoumba, 2002, Organiser la production et la commercialisation du coton dans la zone soudanienne, ficheiro: //D/ Restructuration de la filière coton au Tchad. htm, acedido em 17 de agosto de 2017.
[83] A. Chevalier, P. Senay, 1949, *Le coton*, Paris, PUF, p. 223.
[84] *Ibid.*
[85] R. Levrat, 1950, *Le coton en Afrique Occidentale et Centrale avant 1950, un exemple de la politique coloniale de la France*, Études africaines, Paris, L'Harmattan, p. 188.

B. O contexto económico e social da cultura do algodão no Chade durante o período colonial

A cultura do algodão tem desempenhado um papel inegável no desenvolvimento económico e social do Chade desde a sua introdução no país.

1. O papel do algodão na economia

São várias as razões que levaram as autoridades e o Estado a incentivar a cultura do algodão. Quando a cultura do algodão foi introduzida pela primeira vez, as perspectivas financeiras desempenharam um papel importante. Por um lado, esperavam-se receitas do imposto de exportação; por outro, o algodão parecia facilitar a introdução do imposto de capitação sob a forma monetária, que era cobrado pela colónia. [86]Antes da Segunda Guerra Mundial, o imposto sobre as exportações de algodão foi abandonado devido à situação difícil do mercado mundial e, na década de 1930, o rendimento dos agricultores com o algodão era frequentemente inferior ao rendimento do imposto sobre a cabeça. O Chade independente também considerava o algodão como uma importante fonte de rendimento. O algodão foi sobrestimado como produto de exportação e fornecedor de divisas. [87]Como a quota-parte do algodão nas exportações se manteve inalterada, a possibilidade de cobrir as importações com as exportações de algodão diminuiu para menos de 40% .

Além disso, um princípio prevaleceu na comercialização do algodão: independentemente dos altos e baixos da produção e das flutuações dos preços no mercado mundial, as empresas têm garantidos os seus custos de exploração. Por conseguinte, durante a procura maciça de têxteis que se seguiu ao fim da guerra, as margens de lucro das empresas aumentaram significativamente, sem que a remuneração dos agricultores tenha registado uma melhoria correspondente. [88]Um fundo de apoio ao algodão, criado para equilibrar os rendimentos das empresas, recebia uma parte dos lucros obtidos quando os preços mundiais do algodão subiam para cobrir os seus custos e o pagamento dos seus dividendos. Quanto à remuneração dos produtores locais, esta é deixada ao critério das autoridades. No entanto, as empresas afirmam ser a única atividade económica rentável no país. Por conseguinte, foi feito um esforço concertado para melhorar os rendimentos por hectare. [89]Para tal, é necessário respeitar rigorosamente as datas de sementeira, que têm o inconveniente de coincidir com o período de sementeira das culturas alimentares. Como é compreensível, a primeira prioridade dos agricultores é a preparação dos campos de painço, cuja colheita precoce lhes abre o apetite. Esta escolha conduz automaticamente a uma diminuição do rendimento do algodão por hectare.

[90]Até 1952, as regiões fronteiriças dos Camarões que circundam o distrito produziam algodão, mas não cultivavam qualquer cultura industrial. Os Foul- bé de Binder não hesitaram em cultivar o seu algodão nos campos de cabanas com solos enriquecidos com estrume, e em relegar os seus campos de painço e ervilha para os antigos solos de algodão. Os rendimentos atingiram e ultrapassaram os 500 kg de algodão em caroço por hectare. [91]No entanto, desde

---

[86] L. Sanz, 2015, La route du coton en Afrique Equatoriale Française, file//D/Jo./ La route du coton en AEF (voyage-Congo.over-blog.com) - DMCARC.htm, acedido em 19 de julho de 2017.
[87] *Ibid.* p. 34.
[88] *Ibid.*
[89] S. Marco, 1985, "Le problème des cultures obligatoires dans les produits d'exportation", *Histoire générale de l'Afrique VII. L'Afrique sous coloniale 1885-1935,* Paris, Unesco, pp. 105-109.
[90] G. Magrin, 2001, p. 109.
[91] E.D. William, 1910, "Le coton, sa culture, son commerce", *La quinzaine coloniale, décimo quarto ano,* www.persee.fr/doc/ingeo_0020_0039_1956_rum_20_2_1571, acedido em 30 de julho de 2017

que a Compagnie Française des Textiles organizou a cultura do algodão, as colheitas de painço diminuíram significativamente e os Foulbé de Binder viram o preço do painço subir rapidamente nos seus mercados, quando o painço está disponível para venda. Tiveram de voltar a alternar o painço com o algodão nos campos das cabanas. Entre os Massa, que vivem a norte de Bongor, a cultura do algodão é praticada com grande reserva. [92]Os jovens Massa consideram mais rentável dedicar-se à pesca sazonal no rio Logone, entre Katoa e Fort-Lamy.

2. Questões sociais

A relação entre a coesão social e o nível de produção e a estrutura social têm um impacto na produtividade: as aldeias cujos habitantes estão unidos por laços familiares, afinidades ou uma comunidade de origem geográfica têm um nível de produção mais elevado. Isto deve-se ao facto de os agricultores estarem unidos na competição: a produção de algodão é uma questão de honra e de estatuto social, tanto dentro da aldeia como entre aldeias. [93]Por outro lado, as aldeias mistas, onde os descendentes dos ocupantes originais da terra, conhecidos como "filhos da aldeia", vivem lado a lado com emigrantes recentes, registam geralmente, mas não sempre, uma produtividade inferior". A relação entre a produtividade e a estrutura social pode ser observada no modo de funcionamento dos grupos de algodão das aldeias.

Os produtores não negoceiam individualmente com os compradores de algodão, mas organizam-se em grupos de aldeia para negociar coletivamente com a empresa de algodão. Quando estas associações seguem mais ou menos a configuração dos grupos existentes, funcionam de forma eficiente e muito produtiva. [94]Mas quando não existem laços sociais pré-estabelecidos, estas "associações são enfraquecidas por uma falta de legitimidade e de responsabilidade". Em última análise, o grau de coesão social existente entre os membros do grupo influencia e é caracterizado por práticas de entesouramento e fraude.

De um modo geral, a coesão social é maior nas regiões ocidentais da zona algodoeira do que nas regiões orientais e centrais. [95]Nas regiões ocidentais, onde a maioria étnica é Moundang, e na região central (entre certos subgrupos da etnia Sara), as aldeias caracterizam-se por uma organização sociopolítica muito estruturada e hierárquica. As autoridades locais são consideradas legítimas e os mais velhos são respeitados pelos seus conhecimentos ancestrais.

O rendimento da cultura do algodão é utilizado para comprar instalações comunitárias e de desenvolvimento que são igualmente acessíveis aos não-produtores. De facto, o próprio algodão é visto como um bem público pelo qual toda a comunidade é responsável. No entanto, no leste, tal como na maior parte do sul do Chade, as estruturas sociais e políticas de poder são menos legítimas e menos coesas. [96]Embora os diferentes grupos étnicos coexistam pacificamente e as diferenças étnicas, linguísticas ou culturais sejam reduzidas ao mínimo, a produção de algodão provoca clivagens e custos sociais elevados: confrontos violentos entre membros da mesma família e com administradores, assassínios, exílios e expulsões das aldeias.

[92] Um inquérito efectuado por M. Blache, hidrobiólogo da O.R.S.T.O.M., revelou que, num grupo observado na confluência dos rios Logone e Chari, cada pescador ganhava entre 75.000 e 55.000 FCFA em três meses. Ver também Jean Cabot, populations du Moyen Logone, l'Homme d'Outre-mer, n°1,1955, Paris, O.R.S.T.O.M, p.13.

[93] Entrevista com Nassaryem, Koumra, 05 de junho de 2017.

[94] Abakar Gouni Ousman, 2010, "Le commerce extérieur du Tchad de 1960 à nos jours", tese de doutoramento, Universidade de Estrasburgo, p. 76.

[95] *Ibid.*

[96] *Ibid.* p. 84.

11- CULTIVO DO ALGODÃO DURANTE O PERÍODO COLONIAL

A. Produção de algodão com COTONFRAN no Chade

Para assegurar a produção e a comercialização do algodão, a administração colonial criou uma estrutura bastante coerente. [97]A repartição de tarefas entre os diferentes actores do sector do algodão era clara: em primeiro lugar, a administração colonial, depois a Compagnie Française du Développement des Fibres Textiles (CFDT) e a COTONFRAN. Cada um desempenha um papel específico na produção e comercialização do algodão.

[98]No que diz respeito à indústria do algodão, o ponto de partida é o campo de algodão até ao centro de compras, do centro de compras até à fábrica de descaroçamento e da fábrica de descaroçamento até à embalagem e transformação da fibra de algodão, que deve ser vendida a preços mundiais. Como já foi referido, o papel da administração colonial consistia em favorecer a introdução desta cultura. [99]Isto foi feito por vontade própria ou pela força, sem ter em conta as aspirações das populações locais. Foi a vontade de implementar esta política que levou a administração colonial a ter aliados no seio das populações locais (chefes tradicionais e boycotton). Este facto mostra claramente o papel desempenhado pela administração colonial na promoção do algodão, que era visto como um elemento-chave na tarefa de extensão agrícola. [100]Os chefes de distrito eram "os agentes mais activos de ligação entre a alta hierarquia e o campesinato".

O segundo ator do sistema foi a CFDT, parceiro privilegiado das potências coloniais na introdução da cultura do algodão no Chade. De facto, é de notar que o grupo industrial têxtil metropolitano apoiou com todo o seu peso a decisão da França de iniciar esta atividade. A CFDT, que é de certa forma uma ramificação deste grupo, não podia deixar de participar neste projeto. Trata-se de uma empresa de assistência técnica cujo papel principal consiste em efetuar a modernização da agricultura nas zonas rurais. [101]Esta modernização diz respeito principalmente à popularização da lavoura e à utilização de fertilizantes químicos e de produtos fitossanitários.

A COTONFRAN era um parceiro importante no sistema do algodão, situando-se no outro extremo da cadeia. A COTONFRAN é uma sociedade de capitais mistos que detém o monopólio da compra e da transformação do algodão em fibra. Era também obrigada pelo governo a comprar toda a produção de algodão e estava omnipresente, tanto nos centros de compra como nas fábricas. A COTONFRAN desempenhou também um papel importante na propaganda a favor da cultura do algodão. [102]A distribuição de rendas de algodão aos agricultores pela COTONFRAN constituía uma oportunidade para exaltar os méritos desta cultura progressista e fazer com que os agricultores tivessem esperança num futuro melhor, desde que se dedicassem à cultura do algodão. Tendo em conta o papel desempenhado por cada uma das empresas mencionadas, é evidente que a organização da produção e da comercialização do algodão durante o período colonial foi concebida exclusivamente para servir os interesses da administração colonial, em detrimento da população local.

---

[97] A. Chevalier e P. Senay, 1949, p. 223.

[98] E.D. William, 1910, p. 203.

[99] Abdoulaye Abakar Kassambara, 2010, "La situation économique et sociale du Tchad de 1900 à 1960", tese de doutoramento, Universidade de Estrasburgo, p. 109.

[100] Entrevista com Rimtoibaye, Koumra, 06 de junho de 2017

[101] G. Diguimbaye e R. Langue, 1969, *L'essor du Tchad*, Paris, PUF, p. 30.

[102] G. Magrin, 2001, p. 63.

Na região de Mandoul Oriental, os agricultores adquiriram o estatuto de actores da empresa algodoeira. Desempenharam um papel importante na cultura do algodão. Infelizmente, porém, tiveram de suportar muitos trabalhos duros, sob o calor. O camponês desempenhou um papel importante como produtor no sistema colonial do algodão, mas, em termos de resultados, foi marginalizado.

1. Condições de cultivo do algodão

O algodão é cultivado em terras que foram limpas, ou seja, em terras recentemente limpas. Por vezes, o algodão é cultivado em terras deixadas em pousio. [103]A escolha das terras a desbravar é geralmente efectuada pelo boy-coton (funcionário do Departamento da Agricultura), acompanhado pelo chefe da terra ou da aldeia. Este último determina uma ou mais parcelas a desbravar em função do número de produtores de algodão, tendo em conta o facto de os agricultores terem ou não terras de painço.

[104]A dimensão destas parcelas é determinada pelo número de cordões (superfícies cultiváveis) devidos pela aldeia, no pressuposto de que cada camponês (com idades compreendidas entre os 15 e os 50 anos) deve cultivar um campo de algodão. A pressão física para cultivar o algodão começou muito cedo. Já durante os anos de experiência, antes da assinatura dos contratos com as empresas algodoeiras, era prática corrente obrigar os camponeses a trabalhar com recurso à polícia. Esta violência teve origem não só na administração colonial, que se tinha comprometido a fazê-lo no âmbito dos contratos com as companhias algodoeiras, mas também nos chefes locais, que queriam manter a sua recompensa. [105]A obrigação de cultivar algodão só foi oficialmente abolida em 1956. Mas o interesse dos chefes por esta cultura manteve-se inalterado graças ao prémio, e a administração continuou mesmo a exercer uma pressão mais ou menos forte.

No entanto, a corda é a medida padrão para o lado de cada campo individual. É geralmente de 70 metros, o que eleva a cultura obrigatória a 49 ares por adulto. [106]Nas regiões pobres em algodão, a corda é por vezes tão curta como 60 metros (campos de 36 acres). Apesar do envolvimento dos chefes locais na cultura do algodão, as autoridades coloniais quiseram apoiar-se nos métodos tradicionais de cultivo para aumentar a produção de algodão e, assim, assegurar a cobrança de impostos. Note-se que, no sul do Chade, as decisões sobre a sementeira e a colheita estavam nas mãos dos anciãos, que desempenhavam as funções de chefes de terra, chefes religiosos, chefes da chuva e chefes de bief. A maioria destes chefes aproveitava a sua posição social para obter benefícios individuais, pois mandavam os seus eleitores cultivar campos de algodão de que só eles beneficiavam. [107]Segundo Jean Cabot, este sistema levou à ressurreição da "corvée seigneuriale" nas zonas de cultivo do algodão. Esta prática foi tolerada pela administração colonial durante este período. O objetivo era interessar os chefes locais e torná-los dependentes da cultura do algodão. Além disso, para fazer valer o seu dinheiro, os chefes eram muito mais exigentes com os seus súbditos, a fim

[103] M. Gaid, 1956, Au Tchad, les transformations subies par l'agriculture traditionnelle, notamment sous l'influence de la culture cotonnière. Comité de Coordination de la Recherche Agronomique et de la Production Agricole. Gvt. Général de l'A.E.F., p. 57.

[104] "Corde": unidade de superfície utilizada no Chade, uma corda utilizada para medir o lado de um quadrado a cultivar.

[105] Entrevista com Tchadingar, koumra, 20 de junho de 2017.

[106] Abdoulaye Abakar Kassambara, 2010, "La situation économique et sociale du Tchad de 1900 à 1960", tese de doutoramento, Universidade de Estrasburgo, p. 124.

[107] J. Cabot, 1957, "La culture du coton au Tchad", *Annales de géographie,* volume 66, número 358, p, 499-508, C.A.O.M.P, p. 149.

de aumentar a produção. Mas esta prática aumentou o descontentamento da população das aldeias em relação à cultura do algodão. Esta situação é agravada pelo facto de ser contrária às bases sociais tradicionais baseadas na partilha equitativa das colheitas, que prevaleciam antes da introdução do algodão. Com efeito, o cultivo coletivo e o pagamento das receitas do algodão aos chefes desencorajavam ainda mais os agricultores de cultivar algodão: "tinham sido cometidos muitos erros. [108]O cultivo forçado, os pagamentos aos chefes e o cultivo coletivo foram utilizados, contrariamente à mentalidade indígena. Alguns dos chefes que monopolizavam a cultura do algodão tinham tentado atenuar a sua impopularidade pagando aos trabalhadores que iam aos seus campos.

Alguns contentaram-se em dar comida: carne e painço, enquanto outros apenas deram bebida. [109]Os chefes com o maior número de cordas não davam nada ou quase nada, recusando-se sem dúvida a dar este pagamento, que era muito pequeno em relação aos seus rendimentos, que eram obrigados a desembolsar. Por esta razão, o sistema agravava ainda mais as pretensões dos chefes de beneficiarem do sistema de cultivo trienal, fazendo com que o painço fosse colhido na corda em seu benefício durante alguns anos após o crescimento da propriedade das espigas de milho, favorecendo assim o período de pousio.

2. Formas de resistência e seu impacto na população

A política de produção de algodão e de desenvolvimento económico da administração colonial foi recebida com relutância e mesmo com recusa pelas populações da região de Mandoul Oriental. Viviam de uma agricultura de subsistência, que se limitava a actividades em pequenas parcelas de terra, mas que assegurava a sua autossuficiência alimentar. No entanto, esta cultura de rendimento foi tornada obrigatória, pelo que as populações não tiveram outra alternativa senão cultivá-la em detrimento das culturas alimentares. Dadas as condições difíceis em que o algodão era cultivado e o desinteresse da população, alguns agricultores decidiram sensibilizar os outros para mudar a situação. [110]É de salientar que "as exacções e humilhações sofridas pelas populações não tardaram a provocar uma reação das mesmas junto da administração colonial". Como prova, esta agia muito mal contra os valores tradicionais, com falta de respeito pelos idosos e pelos homens que tinham sido molestados diante das suas mulheres. Por isso, muitos deles recorreram a estratégias para fugir aos agentes coloniais sem escrúpulos.

Nalgumas aldeias de Mandoul Oriental, as pessoas fugiram para se esconderem no mato, porque se tratava de uma batalha feroz entre elas e os agentes. As pessoas não usaram as mesmas estratégias quando confrontadas com os agentes.

Alguns procuraram utilizar meios mais úteis e pacíficos em vez de atacarem diretamente o opressor. De facto, alguns camponeses migraram para outros lugares, quer criando novas aldeias, quer indo para países limítrofes do Chade. Os camponeses que recorreram a meios pacíficos passam todo o tempo no mato e mudam o seu modo de vida na ausência de amor paternal para com os seus filhos. [111]A partir de então, a instabilidade das populações Mandoul foi a ausência de liberdade em todos os sentidos e, sobretudo, as actividades prioritárias: culturas alimentares, pequenos animais, caça, pesca e artesanato tradicional foram influenciadas.

Este facto conduziu à insegurança alimentar das famílias. No que respeita ao alcance desta resistência, podemos destacar a organização social que caracterizou a região de Mandoul, com

[108] Governador Geral Reste, 1976, p.102.
[109] P. Hugot, 1965, p. 143.
[110] Entrevista com Mognara, Ngomanan, 24 de junho de 2017
[111] Entrevista com Sillenengar, Ngomanan, 24 de junho de 2017

sociedades de linhagem agrupadas em aldeias onde reinava a autonomia. Este facto dificulta qualquer forma de solidariedade entre os diferentes grupos étnicos numa causa comum. A relutância e a resistência das populações locais levaram a que a administração colonial tomasse um certo número de medidas favoráveis a seu favor, nomeadamente prémios. [112]Christian Bouquet cita as palavras de Chevalier e Senay:

As empresas algodoeiras tentavam, pouco a pouco, mudar a mentalidade do negro. [113]Para os ajudar no trabalho, distribuíram enxadas; para reduzir a necessidade de transporte, aumentaram o número de centros de compra e de descaroçamento e desenvolveram meios de transporte; distribuíram sal e incentivos.

Os prémios eram atribuídos aos agricultores exemplares que cuidavam bem dos seus campos de algodão. O objetivo era encorajar os agricultores a interessarem-se pela cultura do algodão, apesar das resistências que opunham. Os administradores coloniais estavam empenhados em explorar os agricultores, apesar de lhes terem concedido ajudas para desenvolverem o algodão e as culturas alimentares. É por isso que estes agentes tinham pensado em criar uma formação para os produtores.

3. Apoio aos produtores na cultura do algodão

Perante a atitude das populações locais, que não viam com bons olhos o cultivo obrigatório do algodão, e a falta de pessoal técnico de apoio, a administração colonial pediu aos chefes tradicionais que contribuíssem. Este objetivo foi alcançado através da introdução de incentivos pagos aos chefes de aldeia. [114]A prática deste controlo caracterizou-se pela brutalidade do trabalho forçado, o chicoteamento pelos "*gou- miers*", ou seja, os guarda-costas dos chefes, que manchou "a imagem da cultura do algodão no Chade até 1944, data oficial da abolição do trabalho forçado". [115]Segundo o relatório oficial do COTONTCHAD-SN e do Ministério da Agricultura, os oprimidos foram apaziguados pelos agentes do COTONFRAN, pela administração colonial e pelos chefes tradicionais, e a cultura do algodão foi gradualmente integrada nos sistemas de produção dos agricultores, 12 anos mais tarde, após a abolição do trabalho forçado.

A investigação técnica foi igualmente útil para o estudo científico das sementes. As primeiras sementes de algodão vieram do Congo-Bélgica. A administração criou um comité do algodão da AEF responsável pela introdução e seleção do material vegetal. Este comité realizou os primeiros ensaios de algodão em 1931 e criou, em 1936, as explorações de seleção e ensaio de algodão de Karoual (Gounou-Gaya), Tikem (Fianga) e a estação de investigação. A exploração de Tikem foi transformada em estação de investigação em 1937. [116]Em seguida, foi criado em 1946 o Institut de Recherche Cotonnière et des Textiles exotiques (IRCT), que foi transferido para Bé- bédjia. A administração colonial tinha também pensado em intensificar a cultura do algodão para o desenvolvimento rural. Com efeito, no âmbito do Fundo de Investimento para o Desenvolvimento Económico e Social (FIDES), foram realizados projectos hidráulicos para represar o Logone do Laï a Katoa e para desenvolver bacias de irrigação do algodão. [117]No entanto, as primeiras colheitas, em 1957, foram decepcionantes devido à inadequação dos solos para esta cultura. Em consequência, a cultura

[112] P. Senay, 1949, p. 283.

[113] C. Bouquet, 1982, *Tchad, genèse d'un conflit*, Paris, L'Harmattan, p. 88.

[114] Entrevista com Tchadingar Halinan, Koumra, 19 de junho de 2017

[115] Preparado por COTONTCHAD-SN e Ministério da Agricultura, 22 de fevereiro de 2016, p. 5

[116] *Ibid,* pp. 6-9.

[117] Struizinger Ulrich, Tchad, 1983, "Mise en valeur", *Coton et développement, Tiers-Monde*, Année 1983, Volume 24, Numéro 95, p. 87.

do algodão manteve-se até agora exclusivamente de sequeiro no Chade.

B. O desenvolvimento da produção de algodão durante o período colonial

A evolução da produção de algodão varia de ano agrícola para ano agrícola e é conhecida por tonelada. Esta evolução deve-se aos compromissos assumidos pelos agricultores e pela empresa produtora de algodão.

1. Produção de algodão em toneladas de 1928 a 1959

A produção, que era muito baixa no início da cultura industrial, aumentou gradualmente, mas de forma lenta. Este crescimento tornou-se rápido no final dos anos 40, quando os agricultores começaram a aderir à cultura. De 17 toneladas em 1928, a produção aumentou para 1 200 toneladas após dois anos (1930) e para 7 500 toneladas em 1935. [118]Dez (10) anos mais tarde (1945), atingiu 42.700 toneladas e mais de 53.000 toneladas em 1949/50, com um rendimento de 297 kg/ha. Este aumento da produção deve-se essencialmente à extensão da área sob a influência do trabalho forçado. [119]As estatísticas acima referidas explicam a evolução da superfície cultivada. A superfície manteve posteriormente uma tendência ascendente, graças ao empenhamento dos agricultores nesta cultura. A produção, no entanto, registou flutuações, embora mantendo uma tendência ascendente, atingindo 94 000 toneladas em 1953/54 e um máximo de 149 000 toneladas em 1959/60, com um rendimento de 503 kg/ha. [120]Este aumento notável do rendimento pode ser explicado, em certa medida, pelo programa de produtividade e de controlo agrícola aplicado pelo ONDR a partir de 1965.

2. A evolução dos preços do algodão em caroço durante o período colonial.

Dado que o preço do algodão no mercado mundial estava sujeito a fortes oscilações devido à sobreprodução, à forte procura do mercado ou a crises políticas internacionais, os produtores de algodão não podiam suportar estas flutuações, especialmente se os preços caíssem. Assim, em 1946, a administração colonial criou um fundo para estabilizar os preços do algodão. [121]Para além de desenvolver a cultura do algodão em África, este fundo destinava-se a regular os preços do algodão e a garantir aos países uma taxa fixa, apesar das flutuações dos preços mundiais. [122]A sua criação coincidiu com o boom do algodão no mercado mundial, estimulado pela forte procura de algodão no final da Segunda Guerra Mundial e, sobretudo, pela Guerra da Coreia. Consequentemente, os preços mantiveram-se firmes até 1952. Paralelamente a este período de prosperidade, o preço de compra do algodão em caroço aos produtores chadianos aumentou consideravelmente.

O mecanismo de fixação dos preços do algodão em caroço no âmbito do CO- TONFRAN teve em conta a política de preços, que garantiu o rendimento dos produtores e os incentivou a continuar a produzir algodão, gerando assim divisas para o Estado. [123]O preço de compra era de 1 FCFA/kg em 1930 e aumentou muito lentamente para 3 FCFA entre 1945 e 1946. O

[118] F. Nuttens, 2001, La production du coton graine en zone soudanienne, N'Djamena, Ministère de l'Agriculture, ONDR/DSN, p. 32.

[119] *Ibid.*

[120] *Ibid.* p. 34.

[121] Por exemplo, quando o preço de compra aos produtores é de 20 FCFA por kg, o preço FOB é de 125 FCFA. Este é o preço de custo entregue no porto de Pointe-Noire; o preço CIF é de 125 francos CFA, que é o preço da fibra de algodão entregue no Havre; o preço de venda de 300 francos é o preço de venda no mercado mundial. De acordo com A. KOTOKO, o fundo de apoio recebe 80% da diferença entre o preço de venda e o preço CIF, ou seja, 140 francos CFA por kg. Em caso de baixa no mercado mundial, este montante é utilizado para completar o preço de compra pago aos produtores.

[122] W. Stevelinck, 1953, "Le développement du coton dans la zone Mayo-Kébbi, Logone et Moyen Chari, marchés coloniaux du monde", n° 399, C.A.O.M, p. 408.

[123] F. Nuttens, 2001, p. 62.

preço do algodão em caroço aumentou de 12 FCFA quatro (04) anos mais tarde para 16 FCFA/kg em 1950/51. [124]Subiu depois para 24,20 FCFA/kg em 1956/57, nível a que foi mantido artificialmente durante 14 campanhas de comercialização para compensar os subsídios aos factores de produção, antes de subir novamente para 26 FCFA em 1958-1959. Este mecanismo de fixação dos preços do algodão caroço funcionou com os principais intervenientes no sector do algodão, de acordo com as normas por eles estabelecidas. Os preços do algodão caroço mudaram gradualmente de 1931 a 1948. O quadro seguinte mostra a evolução dos preços do algodão em caroço nos mercados autogeridos do Chade.

Quadro 1. Evolução dos preços do algodão em caroço de 1930 a 1959

Anos	Preço/Kg	Anos	Preço/Kg
1930	1	1945	3
1931	0,7	1946	4
1932	0,7	1947	5
1933	0,6	1948	12
1934	0,6	1949	12
1935	0,6	1950	16
1936	0,75	1951	25
1937	0,85	1952	25
1938	1,1	1953	24
1939	1,1	1954	24
1940	1,1	1955	24
1941	1,1	1956	26
1942	1,5	1957	26
1943	2,25	1958	26
1944	2,5	1959	26

Fonte: F. Nuttens, (2001)

A partir de 1953, a tendência constante para a subida dos preços de compra no produtor, que se vinha verificando desde o final da Segunda Guerra Mundial, foi interrompida pela queda dos preços mundiais do algodão, em consequência da inflação registada na França continental em 1951, que abrandou o crescimento das vendas de algodão. [125]Além disso, a queda dos preços internacionais provocou a crise de 1952 e a queda dos preços por grosso, que terminou em 1953 com o início da guerra da Coreia. Desde então, os preços pagos aos produtores dependem da qualidade do algodão. [er] [126]O algodão de qualidade 1 valia 25 francos CFA por kg, enquanto o algodão de qualidade 2 custava 20 francos CFA por kg. Este novo sistema de preços aplicado no Chade durante este período foi determinado pelo preço de venda nos mercados do Havre. De facto, quando o algodão *Allen* cultivado no Chade era de primeira qualidade, beneficiava de um prémio de 200 pontos nos mercados do Havre, ou seja, cerca de 7,60 francos CFA por quilo. No entanto, a proporção de algodão de segunda qualidade parece ter sido a mais elevada da produção chadiana. No entanto, os preços de compra do algodão registaram uma descida média de 2% entre 1953 e 1960 em relação a 1952, devido à

---

[124] *Ibid.*

[125] F. Chapronnier, 1959, *La crise de l'industrie cotonnière française*, Paris, Génin, p. 359.

[126] G. Sautter, p.128.

classificação dos preços em função da qualidade do algodão. [127]Consequentemente, as fiações deram mais importância à qualidade consistente e aos lotes homogéneos do que ao papel, à segunda ou terceira escolha, sendo o seu problema ajustar as suas máquinas e determinar a sua produção em função da qualidade.

No entanto, a ajuda da França continental traduziu-se numa intervenção crescente e contínua, sob a forma de FIDES. [128]Em 1954, a Caisse de stabilisation des prix de l'AEF substituiu a Caisse de soutien e, em novembro de 1956, foi criado o Fonds de soutien des textiles d'Outre-Mer, financiado por uma redução de 30% do imposto sobre os têxteis (ele próprio financiado por um imposto de 0,70% sobre todos os algodões importados). [129]O fundo centrou-se então na estabilidade dos preços ao nível do produtor, podendo eventualmente receber uma parte dos lucros das vendas de algodão das empresas algodoeiras quando os preços o permitiam.

O preço de compra aos produtores foi estabilizado entre 23 e 25 francos CFA por kg, apesar da queda dos preços mundiais. Com efeito, uma descida do preço não teria sido compreendida pelos produtores e teria reforçado o abandono da cultura do algodão por parte dos agricultores:

É preciso ter em conta as reacções psicológicas particulares desencadeadas pelo anúncio de uma descida do preço de compra dos seus produtos no caso dos produtores sem instrução, que são mais sensíveis à contribuição da integridade entre eles e os compradores europeus. [130]Acreditam imediatamente que estão a ser vítimas de uma manobra e comportam-se em conformidade.

Por conseguinte, era necessário estabilizar os preços de compra para evitar uma diminuição da cultura do algodão entre os produtores que, além disso, se interrogavam constantemente sobre as suas consequências. No entanto, se o resultado das vendas, em vez de apresentar um lucro, apresentasse um défice, este era repartido em partes iguais entre a Caixa e a empresa. Este mecanismo permitia à Caisse de Stabilisation constituir reservas em antecipação dos maus anos e limitar as perdas da empresa em caso de baixa acentuada dos preços.

3. A política de participação nos lucros da produção face à crise do algodão

A Caixa de Estabilização actuava como regulador de preços, assegurando o pagamento anual de um prémio à sementeira e a aplicação de créditos à produção destinados a melhorar os rendimentos por hectare. [131]Os prémios à sementeira eram pagos à razão de 900 francos CFA por hectare, dentro de um prazo fixado anualmente pelo Governo. O objetivo desta medida era incentivar a sementeira precoce, que é uma das condições para um bom rendimento das plantações.

C. A organização e o funcionamento da produção de algodão

1. Organização dos agricultores

Na zona algodoeira do Chade, existiam tradicionalmente grupos informais constituídos por membros de uma mesma família ou por pessoas que se agrupavam por afinidade, com o objetivo de se ajudarem mutuamente ou de trabalharem em conjunto. [132]Em 1984, com a passagem de uma abordagem individual para uma abordagem de grupo, e em aplicação das medidas previstas no contrato, o ONDR começou a organizar os produtores em "grupos de factores de produção", que mais tarde se tornaram "grupos de produtores". Em 1986, perante

---

[127] W. Stevelinck, op. cit., pp. 1947-1949, C.A.O.M., p. 408.

[128] Secretário de Estado das Relações com a Comunidade, outubro de 1960, p. 12.

[129] *Ibid.*

[130] S. Gilles, p. 129.

[131] G. Digambaye e R. Langue, 1969, *L'essor du Tchad*, Paris, p.132.

[132] Entrevista com Rimtoibaye, Koumra, 06 de junho de 2017

a multiplicação dos agrupamentos de produtores, o ONDR decidiu criar Associações de Aldeia (AV) com base nos agrupamentos de produtores. [133]Coincidindo com o fim dos subsídios aos factores de produção da União Europeia, impôs a criação de associações de produtores de algodão nas aldeias e, no final de 1992, todas as aldeias da zona algodoeira estavam organizadas. O objetivo desta estruturação era transferir responsabilidades para os produtores através das suas associações. Em consequência, os sistemas de gestão dos factores de produção e de comercialização do algodão-semente mudaram. Os produtores tornaram-se partes interessadas através das suas associações, para as quais foram transferidas as seguintes actividades

- Recenseamento das necessidades de factores de produção agrícola ;
- Receção dos factores de produção e distribuição aos membros ;
- Comercialização do algodão em caroço através de mercados autogeridos (MAG) ;
- Recolha do rendimento do algodão e pagamento aos produtores.

No entanto, esta organização expandiu-se sob o impulso dos serviços técnicos do Ministério da Agricultura e, em 1992, os produtores foram reorganizados no Mouvement Paysan de la Zone Soudanienne (MPZS). O MPZS pretendia ser uma federação de associações de agricultores a nível nacional e um parceiro da empresa algodoeira. [134]É remunerado com base em 300 FCFA/tonelada de algodão comercializado, deduzidos dos honorários pagos aos co-cultivadores 3.500 FCFA/tonelada de algodão comercializado como contrapartida das actividades empreendidas. Mas o MPZS assemelha-se mais a um sindicato. Não presta contas aos seus membros sobre as suas actividades nem sobre a utilização dos seus recursos. [135]Além disso, as eleições de renovação dos membros previstas nos estatutos nunca se realizaram e o movimento foi por vezes dominado por chefes tradicionais.

[136]Em 2000, no âmbito da aplicação das medidas de acompanhamento das reformas no sector do algodão, uma nova reestruturação conduziu à criação de comités de coordenação local (CCL). A reestruturação começou com campanhas de sensibilização dos produtores, seguidas de eleições democráticas para os delegados das aldeias e, posteriormente, para os delegados cantonais (dezembro de 1999-março de 2000). [137]Com base nas delegações cantonais (DC) como membros de direito, foram criados, por eleição, Comités de Coordenação Local (CCL) em torno de cada zona de descaroçamento, de 25 de abril a 5 de maio de 2000. No entanto, os dez (10) CCL uniram-se para formar uma organização nacional de cúpula denominada "Union Nationale des Producteurs de Coton du Tchad (UNPCT)" em 2 de abril de 2007. A UNPCT participa, juntamente com os outros intervenientes do sector, em reuniões para determinar os parâmetros da campanha de algodão (fixação do preço do algodão em caroço e dos factores de produção), examinar as ofertas de factores de produção e preparar a comercialização do algodão em caroço. Participa na revisão da carta dos GAM e em todas as actividades que impliquem a participação dos agentes do sector.

A COTONTCHAD também recebe encomendas de factores de produção através dos seus "agentes no terreno, que actuam como uma "interface". [138]Estas encomendas baseiam-se na terra a ser cultivada, tal como estimada pelos agricultores". O custo dos factores de produção é depois deduzido do rendimento. Este sistema foi substituído pela ação dos agentes de

[133] Entrevista com Rimtoibaye, Koumra, 06 de junho de 2017
[134] Relatório de actividades COTONTCHAD, p. 23.
[135] *Ibid.*
[136] CTRC, 2006, Rapport de mise en place des comités de coordination locaux (CCL), p. 46.
[137] *Ibid.*
[138]

fiscalização e do ONDR. No entanto, o seu funcionamento deixa muito a desejar, na medida em que os mercados de factores de produção são praticamente inexistentes e o COTONT-CHAD não pode satisfazer todas as necessidades dos agricultores. Este racionamento dos factores de produção conduz a certas práticas de "diluição" dos factores de produção pelos agricultores, utilizando-os noutras culturas ou aplicando-os em superfícies mais vastas do que as recomendadas para a sua utilização eficaz.

2. O funcionamento do sector do algodão no Chade

O funcionamento do sector do algodão tem em conta a gestão da mão de obra qualificada e o papel desempenhado pelos intervenientes. [139]As convenções de 1949 obrigaram as empresas de algodão a modernizar as suas fábricas. [140]Até então, a maior parte das operações era efectuada manualmente: alimentar os descaroçadores, recolher a fibra de algodão dos descaroçadores, prensar 10 kg de 10 kg de fibra a prensar, preparar o fardo antes da prensagem, embrulhar e cintar os fardos, enrolar os barris de água para alimentar o locomóvel.

No entanto, graças ao sistema de aspiração pneumática e à criação de torres de água alimentadas por bombas, os abastecimentos efectuados entre 1952 e 1955 permitiram reduzir as operações de movimentação aquando da descarga dos camiões de algodão-semente, do acondicionamento e da cintagem dos fardos e do seu armazenamento. [141]Consequentemente, o número de trabalhadores sazonais contratados pela COTONFRAN para o período de descaroçamento (dezembro a maio) foi reduzido, alargando o seu sector a partir do sul, ou seja, do país Sara.

[142]As novas instalações exigiam pessoal já formado e era natural que as primeiras instalações daquilo a que se chamou por vezes a "colonização" do Chade pelo povo Sara se centrassem neles. Os trabalhadores efectivos são alojados pela empresa. Os trabalhadores sazonais eram recrutados localmente entre os agricultores locais, reunidos por concurso. Muitas vezes, quando a população era limitada, eram contratados pelos chefes dos cantões em que a empresa estava interessada. Estes trabalhadores não gostavam de permanecer empregados para além do tempo acordado. O salário de um operário é de 65FCFA por dia de trabalho. [143]Os empregados permanentes recebiam salários de cerca de 2.000FCFA para o plantador e 15.000FCFA para o mecânico. Para gerir melhor o sector do algodão chadiano, a COTONFRAN instalou fábricas de descaroçamento nas diferentes regiões do sul do Chade.

III - A CRIAÇÃO DA FÁBRICA DE DESCAROÇAMENTO EM KOUMRA

A fábrica de descaroçamento de Koumra está situada na capital da região de Mandoul Oriental, no sul do Chade. Foi criada em 1934 e era inicialmente gerida pela COTONFRAN, uma empresa fundada em 1911. A zona da fábrica de Koumra situa-se entre a fábrica de Sarh, a leste, e a fábrica de Doba, a oeste. [144]Faz fronteira a norte com a região de Tandjilé Leste e a sul com a República Centro-Africana (RCA). A parte norte da plantação de Kou- mra é

139Entrevista com Beramgoto, Koumra, 08 de junho de 2017 G. Magrin, 2001, p. 53.
Ibid.

140
141 J. Chapelle, 1986, *Le peuple Tchadien, ses racines et sa vie quotidienne*, Paris, L'Harmattan, p. 104.
142 J-P. Magnant, 1987, *La terre Sara, terre tchadienne*, Paris, L'Harmattan, p. 65.
143 COTONTCHAD, 2009, Rapport des campagnes agricoles et commerciales, pp. 7-8.
144 E. Mbainaissem, 2013, "Audit stratégique de la cotontchad-sn" Dissertação, Centre Africain d'études Supérieures en Gestion, p.105

caracterizada por uma vegetação de savana arborizada dominada pelo carité, que é muito protegida pela população local. O sul é caracterizado por savanas arborizadas, planícies e uma grande extensão de floresta que se estende até à República Centro-Africana, o que o torna ideal para a cultura do algodão e a criação de gado. Grande parte da zona sul é constituída por vales e planícies aluviais, ideais para o cultivo de culturas de rendimento, painço, sorgo, amendoim e arroz.

A agricultura e a pecuária são as duas principais actividades da região. Os solos são menos argilosos e, em grande parte, ferruginosos, que se degradam facilmente se as práticas culturais não forem corretamente aplicadas. A fábrica de descaroçamento de Koumra, anteriormente gerida pela COTONFRAN, passou a ser gerida pela COTONTCHAD em 1971, ao abrigo de um protocolo de acordo entre a República do Chade e a COTONFRAN. [145]A COTONTCHAD é uma sociedade de economia mista de direito chadiano, cujo volume de negócios era de seiscentos milhões de francos CFA, tendo atualmente ascendido a quinhentos mil milhões e dez milhões de francos CFA. A COTONTCHAD tem a sua direção em Moundou e a sua sede em N'Djamena. A empresa assegura a subsistência de mais de três milhões de chadianos, incluindo produtores de algodão, companhias de seguros, bancos, empresas de transportes e comerciantes. Todos os anos, distribui mais de trinta mil milhões de francos CFA em receitas, contribuindo efetivamente para a economia nacional e, aproximadamente, mais de trinta e cinco mil milhões de francos CFA em volume de negócios, o que não é negligenciável enquanto moeda do país. [146]A empresa paga uma soma substancial ao Estado sob diversas formas: impostos pagos aos bancos sob a forma de juros e encargos financeiros. Infelizmente, a empresa tem atravessado uma crise financeira sem precedentes nos últimos anos, em consequência da crise vivida pela filial africana do algodão no mercado mundial. No entanto, após a apresentação da fábrica de Koumra e do COTONTCHAD, o nosso estudo centra-se no processo de privatização da empresa de algodão do Chade.

A. A privatização da empresa de algodão

A criação da empresa franco-belga de algodão COTONFRAN, em 1934, constituiu uma oportunidade para a empresa instalar fábricas de descaroçamento na maior parte das regiões ditas meridionais, nas principais cidades do Chade. Nessa altura, o algodão era considerado uma questão económica e comercial importante a nível nacional.

Mais de quarenta anos depois, a empresa colonial de algodão CO- TONFRAN devia cessar as suas actividades no Chade. Foi assinado um protocolo de acordo entre a República do Chade e os seus parceiros e a COTONFRAN tornou-se possível. [147]A assinatura deste memorando de entendimento deu origem, a 29 de outubro de 1971, à empresa algodoeira do Chade denominada "COTONTCHAD". Algumas décadas após a assinatura deste acordo, esta empresa foi abalada pela crise internacional do sector do algodão e pela má gestão que surgiu após a campanha de 2000/2001, com um capital de 6,6 mil milhões de francos CFA. A empresa continuou a funcionar em violação dos artigos 664, 665 e 667 do Ato Uniforme das Sociedades Comerciais da região OHADA, atingindo um capital próprio negativo de mais de 48 mil milhões de francos CFA em 31 de dezembro de 2010.

No entanto, o processo de reestruturação da COTONTCHAD foi despoletado pelo plano de

[145] Wawe Harouna, 2015, "Pratique de contrôle budgétaire, COTONTCHAD-SN" Tese de mestrado profissional, Universidade de Ngaoudéré, p. 47.

[146] Ibid.

[147] Relatório (Tchad), 1971, Protocolo de acordo entre o COTONTCHAD, ONDR, IRCT, DGRHA, DRHFRP e FIR, p. 7.

reestruturação apresentado e aprovado em outubro pelo Decreto n.º 024/PR/PM/SGC/DG/PMI/2011 do Conselho de Ministros de quinta-feira, 29 de setembro de 2011. [148][149]Posteriormente, foi enviado o ofício n.º 391/PR/PM/MCI/SG/DIAPME/PMI/2011, de 05 de outubro de 2011, do Ministro do Comércio e Indústria, na qualidade de supervisor e representante do acionista maioritário da COTONTCHAD, solicitando ao Presidente do Conselho de Administração desta empresa que tomasse todas as medidas necessárias para implementar o processo de reestruturação.

Os acionistas minoritários (GEOCOTON, SGT e ECOBANK) aceitaram vender as suas acções por um franco simbólico ao acionista maioritário (o Estado), desencadeando o processo de liquidação da COTONTCHAD com a nomeação de um liquidatário. [150]Este processo foi aprovado pela Assembleia Geral Extraordinária de acionistas de 30 de dezembro de 2011. [151]Na sequência da leitura do relatório pelo Conselho de Administração, foi criada a sociedade anónima denominada Société Cotonnière du Tchad, Société Nouvelle , abreviadamente designada por "COTONTCHAD-SN", tendo sido cumpridas todas as formalidades seguintes:

[152]> Fixar o capital social em 5010000000 (cinquenta mil milhões e dez milhões) de FCFA dividido em 501.000 (quinhentas e uma mil) acções de FCFA com um valor nominal de dez mil (10.000) FCFA cada, realizadas no momento da subscrição;

> A adoção dos estatutos da COTONTCHAD-SN em 12 de abril de 2012;

> A nomeação de um diretor-geral e de um diretor-geral adjunto.

1. **Os objectivos do COTONTCHAD-SN**

- A compra de algodão em caroço, o seu descaroçamento e a comercialização de fibras e subprodutos de algodão;
- Participação em todas as acções de desenvolvimento agrícola no Chade, tanto industriais como comerciais, e em termos de produção;
- Participar direta ou indiretamente em todas as operações cujo objeto social seja suscetível de facilitar a realização desse objeto.

2. **A missão da COTONTCHAD-SN**

A missão desta nova empresa é :

> Comercialização exclusiva do algodão (compra e transporte de algodão em caroço, descaroçamento, embalagem, venda de fibras e subprodutos do algodão) produzido no Chade;

> Participar no desenvolvimento da produção e da produtividade agrícola em ligação com as organizações, os encargos de produção e a promoção rural;

> Comprometer-se a comprar todo o algodão em caroço colocado no mercado por produtores individuais ou entregues por agrupamentos de produtores.

B. Organigrama da fábrica de descaroçamento de Koumra

A fábrica de Koumra está organizada da seguinte forma:

- [153]Um coordenador da zona de algodão (COOZOC), que responde perante o diretor

[148] Société cotonnière du Tchad, 2011, Présentation du plan de restructuration COTONTCHAD Société Nouvelle, p. 11.
[149] *Ibid.*
[150] Document de stratégie de reformes du secteur coton tchadien, 1999: adopte par le Haut Comité International. República do Tchad, Comité Técnico do HCI, p. 52.
[151] Reforma da fileira do algodão no Chade, 2004: estado de adiantamento. Célula Técnica de Reformas do Cotão (CTRC), p. 15.
[152] P. Honorat (2009), *le budget facile pour les managers:* démarches, indicateurs, tableau de bord, Ey- rolles, Paris, Paperback, p. 230.
[153] A. K. Mahamat, 2014-2015, Rapport de stage à la cotontchad-sn, usine de koumra (Tchad), p. 8.

executivo, coordena e administra as actividades da fábrica em geral e resolve os problemas da empresa. Tem sob o seu controlo um controlador de gestão, um secretário de escritório e um operador de rádio;

- Um Diretor de Fábrica (PM), que é assistido por um Gestor de Equipa, Manutenção e Segurança (TMMS) e tem os seguintes supervisores de turno a reportar-lhe;
- Um supervisor encarregado da gestão da produção, com um papel limitado entre a fábrica e os produtores de algodão. É assistido por dois formadores, catorze Agentes de Campo de Algodão (CFA) e um armazenista de insumos. O papel do supervisor consiste em mobilizar os ACT para recolher dados estatísticos nos campos de algodão, avaliar a produção em relação à produtividade, elaborar um plano de compras para cada associação de aldeia (AV), sintetizar os dados recolhidos e centralizá-los para elaborar um plano de introdução de factores de produção;
- Um Gestor de Báscula (GPB) que, em princípio, responde perante o Coordenador da Zona Algodão (COOZOC). [154]É apoiado por um chefe de equipa da frota, um mecânico que participa nas actividades durante a campanha e um pesador de turno que ajuda frequentemente nas actividades. As suas principais actividades são:
- Gestão racional da atividade das básculas;
- Assegurar o bom funcionamento do equipamento logístico;
- Descarregar os bilhetes no COOZOC após a pesagem do veículo;
- Informe-se sobre todo o equipamento de transporte e o consumo de combustível por veículo.
- Um diretor administrativo e contabilístico (RAC) é assistido por um caixa e um armazenista de peças. O RAC paga os salários dos trabalhadores e dos produtores de algodão em caroço.

[155]A fábrica de Koumra emprega mais de "duzentos e quarenta e quatro (244) empregados, incluindo dois (02) diretores, quinze (15) supervisores, oitenta e um (81) trabalhadores permanentes e cento e quarenta e seis (146) trabalhadores sazonais". A sua principal atividade é:

- Transporte do algodão em caroço do centro de compras para a fábrica;
- Pagar o dinheiro das sementes de algodão ao VA;
- Renovar os créditos relativos aos factores de produção e ao equipamento de tratamento;
- Descaroçamento do algodão em caroço e acondicionamento dos fardos de fibras de algodão;
- Receber inputs de qualidade e distribuí-los aos VAs ;
- Expedição de produtos acabados (fibras de algodão) de Ngaoundéré para o porto de Douala (Camarões) para serem vendidos no mercado mundial;
- Descascar as sementes de algodão e enviar os finos para a fábrica de sabão de Moundou.

Além disso, a fábrica de Koumra é abastecida por uma parte das zonas algodoeiras de Doba e Sarh, devido às suas actividades de sementeira e comercialização. [156]Dispõe de catorze (14) centros de gestão dos factores de produção que cobrem vinte e nove (29) cantões e mais de sessenta associações de aldeias (AV) na região de Mandoul Oriental. A estrutura da fábrica de descaroçamento COTONTCHAD-SN em Koumra é descrita a seguir.

[154] Entrevista com Pafing, Koumra, 16 de junho de 2017
[155] Entrevista com Pafing, Koumra, 16 de junho de 2017
[156] COTONTCHAD-SN, 2009, Rapport d'activités agricoles et commerciales, campagne 2008/2009.

Figura 2. Gráfico de gestão da fábrica de descaroçamento de Koumra

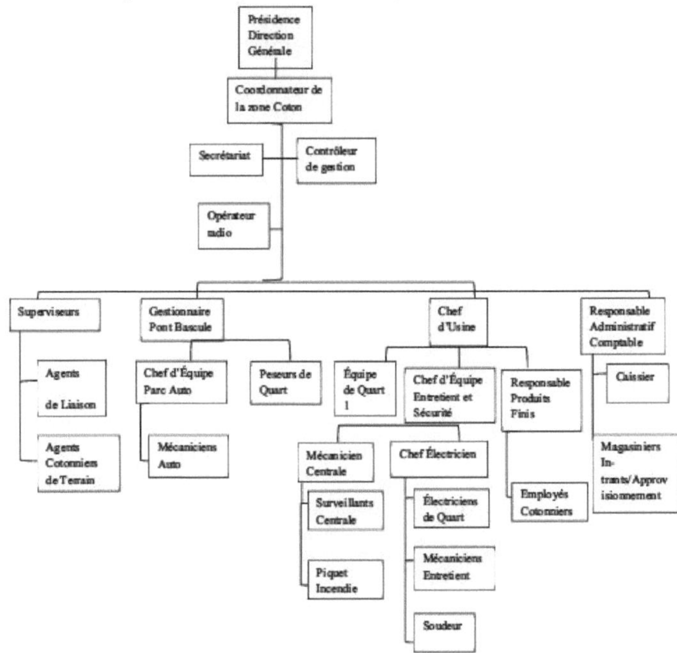

Fonte: Relatório, COTONTCHAD-SN (2017)

C. Funcionamento das instalações nos diferentes serviços

A fábrica de descaroçamento de Koumra é gerida pela COTONTCHAD desde 1971, como sociedade mista de direito chadiano, denominada COTONT-CHAD-SN em 11 de novembro de 2011. Vale a pena analisar o seu funcionamento através dos diferentes departamentos que a compõem.

1. Serviço de administração e manutenção

O serviço administrativo inclui um grande número de pessoas responsáveis pela manutenção das relações comerciais com a sede e outros serviços. [157]Este serviço é igualmente responsável pela procura de novos clientes potenciais para a empresa e pela gestão do pessoal. O serviço de manutenção emprega uma equipa de pessoas geralmente divididas em diferentes subdepartamentos. A equipa de manutenção está disponível 24 horas por dia, 7 dias por semana, para assegurar o bom funcionamento da fábrica. Para o efeito, os técnicos trabalham em regime de rotatividade de dia e de noite. Existe uma oficina mecânica com três pessoas encarregadas de monitorizar as máquinas utilizadas para o descaroçamento do algodão em caroço e da fibra de algodão. [158]Na oficina eléctrica, há quatro pessoas responsáveis pela gestão de todas as instalações eléctricas da empresa, incluindo a cablagem dos sistemas

---

[157] E, Mbainaissem, 2013, p.76.

[158] *Ibid.*

robotizados.

2. Serviço geral da loja

O armazém geral controla o armazém de stock, o armazém de peças e o armazém de materiais. No que diz respeito ao armazém de existências, estudámos as instalações que permitiam à fábrica de descaroçamento de Koumra armazenar algodão em caroço e fibra de algodão em caso de saturação. Em segundo lugar, o armazém de peças guarda todo o equipamento da fábrica, que os seus empregados utilizam quando precisam dele. [159]Por último, o armazém de materiais é utilizado para "armazenar materiais na receção antes de os distribuir aos VA". O armazenista dos factores de produção deve gerir com muito cuidado os fornecimentos da produção de algodão, anotando a nota de encomenda do CO- TONTCHAD no momento da receção. É responsável por retirar os factores de produção da loja, anotando a nota de expedição, que contém :

O número do veículo, o código do produto, o destino, o código VA, a unidade do produto, a quantidade do produto, o preço unitário, a avaliação e a reserva. O boletim de expedição contém igualmente o nome do motorista e o nome do armazenista expedidor, a data e a assinatura do presidente da VA e do motorista para confirmação. [160]Existe também a guia de receção, que indica o número do veículo, o nome do condutor, o transportador, o número de encomenda, o fornecedor, o número da guia de remessa, a data, o número da guia de movimento com a data e o código do produto.

Neste talão, mencionámos a parte reservada ao gestor de atividade para aprovação, o seu apelido e nome próprio, a data e a assinatura. [161]Há também a "secção reservada ao empregado da loja para se encarregar da mercadoria após o controlo, que inclui o seu nome e apelido, a data e a assinatura". Assim, após o serviço geral da loja, identificámos o serviço de embalagem e o serviço de estacionamento. O serviço de embalagem é semi-automatizado, com trabalhadores sempre à disposição. A velocidade de embalamento é excelente, assim como a organização. Neste serviço, há dois (02) técnicos encarregados de pesar os fardos após a sua saída da máquina, anotando o peso líquido dos fardos e recolhendo amostras da fibra de algodão.

[162]O serviço de estacionamento é assegurado pelo gestor da báscula (GPB). O GPB vigia os camiões cheios de sementes de algodão na báscula, a fim de se certificar de que o peso está correto. [163]Recomenda aos motoristas que "voltem a colocar o camião vazio na ponte-báscula depois de descarregarem o caroço de algodão e o pesem de novo para obterem o peso líquido do caroço de algodão". Desde então, todos os serviços têm trabalhado para assegurar o bom funcionamento da COTONTCHAD, partilhando tarefas e especializando o seu trabalho.

Em suma, o território chadiano conheceu diferentes culturas que favoreceram o desenvolvimento económico e social antes da cultura obrigatória do algodão. O administrador colonial utilizou esta cultura como celeiro económico e político para dominar a população local. O desconhecimento do sistema e dos métodos de cultivo constituiu um novo ponto de viragem para as populações locais, que deviam vencer pela força em benefício do administrador colonial e dos chefes tradicionais. Na verdade, a introdução da cultura do algodão transformou o mundo rural através dos empréstimos de infra-estruturas e de material agrícola concedidos pelo COTONTCHAD e pelo Office National pour le Développement Rural (ONDR) aos produtores, embora o preço de compra do algodão em caroço estivesse a

---

[159] Entrevista com Didjenbaye, Koumra, 15 de junho de 2017

[160] Entrevista com Didjenbaye, Koumra, 15 de junho de 2017

[161] Entrevista com Didjenbaye, Koumra, 15 de junho de 2017

[162] C. Nantiga, 2013, Rapport de stage, usine de Koumra (Tchad), p. 9.

[163] Entrevista com Oumar Hissein, Koumra, 15 de junho de 2017

baixar. Este facto enfraqueceu a economia do país no seu conjunto, na sequência da crise dos preços mundiais, e conduziu à privatização da indústria algodoeira chadiana.

CAPÍTULO II

PRODUÇÃO DE ALGODÃO NA REGIÃO DO MANDUL ORIENTAL

A história do algodão no Chade é bem conhecida, como uma cultura forçada de origem colonial. O algodão desempenhou um papel importante na economia nacional. Continua a ser a única especialidade comercial do país, na medida em que a produção se destina inteiramente à exportação. [164]Desde as suas origens até aos nossos dias, a produção de algodão tem-se caracterizado por uma tendência ascendente ao longo da sua história. A partir dos anos 80, estas irregularidades tenderam a acentuar-se na sequência de graves crises do algodão (1984-1999). [165]Estas crises resultaram principalmente da queda dos preços mundiais da fibra de algodão, da má gestão do sector e da insegurança crónica perpetuada pela agitação político-militar. A supressão dos subsídios aos factores de produção e ao equipamento agrícola teve um efeito profundo no sector do algodão do Chade e constitui uma das principais medidas tomadas. O principal objetivo destas medidas é a reorientação do sector, o que implica, antes de mais, a redução do papel do Estado e das autoridades de controlo na produção de algodão. De facto, o controlo dos agricultores, inicialmente da responsabilidade do ONDR, foi agora flexibilizado. A criação da interface e a estruturação do mundo agrícola têm por objetivo substituir o ONDR nessa função. As associações de aldeia, criadas por iniciativa da empresa algodoeira com o apoio do ONDR, gerem atualmente os factores de produção e organizam a primeira comercialização do algodão em caroço em mercados autogeridos. [166]Embora este processo, que se encaminha para a privatização do sector, pareça estar a funcionar bem em alguns sectores do algodão, o mesmo não acontece noutros. A fraca capacidade de organização e o analfabetismo dos produtores são por vezes uma fonte de dificuldades na tomada a cargo da produção e da comercialização primária do algodão. Para tal, é importante apresentar os factores e os agentes envolvidos na produção de algodão em caroço.

I - FACTORES DE PRODUÇÃO E AGENTES ALGODÃO DE SEMENTE EM MANDOUL ORIENTAL

A- Factores de produção do algodão em caroço

Graças à sua situação geográfica, a região de Mandoul Oriental é rica em recursos naturais favoráveis à cultura do algodão. A produção de algodão em caroço baseia-se em factores naturais, humanos e químicos.

1) Factores naturais

Os factores naturais são os elementos da natureza que favorecem o cultivo de culturas de rendimento e de culturas alimentares. Entre estes factores, estudamos o solo, o clima e a vegetação.

a) Solos

[167]A região de Mandoul Oriental apresenta dois tipos de solos: os solos ferruginosos tropicais e os solos ferralíticos, adequados para a cultura do algodão, do amendoim e do painço. [168]Os

---

G. Magrin, 200, p. 52.

Ibid.

Ibid. p.60.

[167] G.T.Z, 1988, *Análise regional somática do Mandoul Oriental (Tchad)*, p. 5.

[168] *Ibid.*

primeiros estudos de solos efectuados em colaboração com a ORSTOM analisaram os diferentes solos. Estes estudos evidenciaram as diferenças no seu teor de minerais em relação às necessidades específicas do algodoeiro.

b) Clima e vegetação

Devido à sua localização geográfica no sul do país, a região de Mandoul pertence à zona climática Sudano-Guineense. [169]Esta zona caracteriza-se por uma pluviosidade bastante abundante. [170]As isoietas variam entre 800 milímetros e mais de 1.000 milímetros num ano normal de precipitação, o que permite boas colheitas de algodão. Tal como no resto do país, a região de Mandoul Oriental tem duas estações: uma estação das chuvas e uma estação seca. A estação das chuvas começa em maio e termina em outubro. [171]A estação seca decorre de novembro a abril. Esta situação determina as actividades das populações locais, que dependem quase inteiramente da precipitação registada. [172]É de referir que a agricultura é a principal atividade praticada na região e que as pessoas baseiam o seu calendário agrícola neste mecanismo natural.

As temperaturas também variam consideravelmente consoante a época do ano. Atingem o seu nível mais elevado em março, com um pico de 37°C, e descem para cerca de 17°C em dezembro. [173]As temperaturas aumentam à medida que se avança do sul do país para o norte, onde a temperatura máxima atinge facilmente os 45°C à sombra.

Em termos de vegetação, a zona é densamente florestada com uma multiplicidade de espécies arbóreas (carité, néré, acácia, jujuba e caïcé- drat). [174]Esta floresta caracteriza-se por uma savana arborizada e, em certos locais, por uma floresta mais ou menos densa.

2) O fator humano

O fator humano desempenhou um papel importante nas actividades agrícolas das populações locais. O homem, enquanto génio criador, é um meio de todos os tipos, daí a necessidade de mão de obra especializada para o cultivo do algodão. Em Man- doul, como noutros locais, as actividades agrícolas são desenvolvidas em "família", começando pela limpeza do terreno a cultivar, a sementeira, a monda, o tratamento, a colheita e a triagem. [175]É de notar que as mulheres e as crianças constituem uma mão de obra importante em relação aos agricultores". [176]Nalguns casos, os agricultores procuravam empregar os trabalhadores mediante uma compensação, quer em dinheiro quer em géneros.

3) O fator químico

O fator químico na cultura do algodão inclui todos os produtos necessários para a cultura intensiva do algodão e dos seus produtos derivados. [177]Trata-se, nomeadamente, da aplicação de fertilizantes NPK e do tratamento das plantas de algodão com produtos fitossanitários, uma operação específica dos produtores de algodão. Recorde-se que a aquisição destes produtos, no âmbito de uma cadeia de produção integrada, está condicionada à produção de algodão.

---

[169] J. Cabot e C. Bouquet, 1974, *Géographie, le Tchad*, Paris, Hatier, p. 96.

[170] *Ibid.*

[171] *Ibid.*

[172] F. Hautcoeur, 2001, *Guide pour l'accompagnement des ruraux dans la gestion conservatoire de leur espace.* G.T.Z, p. 12.

[173] *Ibid.*

[174] G.T.Z, 1988, p. 9.

[175] Entrevista com Djainabaye, Kemkian, 09 de junho de 2017

[176] Entrevista com Alladoumngue, Kol, 11 de julho de 2017

[177] Kibassim Bagrim, 1975, "Agriculture commerciale, modernisation et développement rural en zone cotonnière, exemple du Moyen-Chari", tese de doutoramento em Sociologia do Desenvolvimento, Universidade de Paris V, p. 86.

Apenas os produtores de algodão utilizam os produtos químicos específicos distribuídos pela COTONTCHAD. [178]A cultura do algodão requer fertilizantes, herbicidas e tratamentos. Os pesticidas e insecticidas são indispensáveis para lutar contra as pragas presentes nas plantações, e os agricultores são muitas vezes impotentes para as combater, pois as outras técnicas de luta são pouco eficazes. Para combater os ataques de pragas ou a proliferação de doenças, é aconselhável praticar a rotação de culturas, alternar as fileiras de culturas ou utilizar combinações de culturas. [179]Porque muito poucas pragas ou doenças afectam as plantas jovens. A utilização de produtos químicos é um sinal de modernidade e de intensificação das culturas no Chade, nomeadamente na região de Mandoul Oriental. Para além disso, os produtores de algodão colocam estrume nos campos de milho em rotação com os campos de algodão fertilizados com NPK. [180]Este facto mantém a fertilidade do solo para o algodão em que é espalhado e também para os cereais plantados no ano seguinte. Deste modo, a produção de algodão em caroço tem em conta as partes interessadas envolvidas na sua organização.

B- Intervenientes na produção de algodão em caroço

Os intervenientes na produção de algodão em caroço no Chade e na região de Manoul Oriental são os seguintes

- Produtores de algodão: O papel principal dos produtores é a produção individual de algodão em caroço e a entrega da sua produção à COTONT-CHAD-SN através das suas organizações conhecidas como Association Villageoises (AV), em conformidade com as cláusulas do acordo conhecido como Charte de Marché Autogéré (MAG). As AV são os interlocutores diretos da COTONTCHAD-SN em actividades como o fornecimento de factores de produção a crédito aos produtores, a comercialização do algodão em caroço e a cobrança de dívidas. São constituídas sob a forma de Comités Locais de Coordenação (CLC) com base nas delegações cantonais, que formaram uma organização nacional de cúpula, a Union Nationale des Producteurs de Coton du Tchad (UNPCT). [181]A UNPCT e o CO-TONTCHAD-SN reúnem-se com o Governo para fixar os preços do algodão em caroço e dos factores de produção, bem como para examinar as ofertas de factores de produção. A UNPCT está igualmente envolvida na comercialização do algodão em caroço, na revisão da carta dos GAM e em todas as actividades que envolvem a participação dos produtores. [182]De um modo geral, as relações entre os dois parceiros são boas.
- ONDR: responsável pelo apoio ao mundo rural no seu conjunto

para todas as culturas agrícolas, incluindo o algodão. É membro da comissão responsável pela resolução de problemas relacionados com a qualidade do algodão em caroço nas fábricas de descaroçamento. [183]A parceria entre o ONDR e o COTONTCHAD foi estabelecida através de um acordo de colaboração e de um protocolo de acordo, estes últimos assinados pelas duas partes em 3 e 13 de maio de 2015, respetivamente.

- ITRAD: estabelecimento público de carácter científico e técnico

responsável pela investigação no domínio da produção vegetal, incluindo o algodão

[178] *Ibid.*

[179] O. Mandi, 2007, "Coton culture et mutation socioéconomique dans la zone soudanienne au Tchad de 1928-1999", tese de mestrado em História Económica, Universidade de Yaoundé I, p. 74.

[180] *Ibid.*

[181] CTRC, 2006, Réforme de la filière coton au Tchad. Etat d'avancement. Relatório de actividades, p. 24.

[182] Macra Tadin, 1983, "L'intervention de l'État dans le secteur cotonnier au Tchad", tese de doutoramento em Direito Público, Universidade de Toulouse, p. 65.

[183] *Ibid.*

(investigação varietal, produção de sementes de base, conservação de recursos filogenéticos e desenvolvimento de pacotes tecnológicos de culturas).

A parceria entre a ITRAD e o COTONTCHAD baseia-se num acordo que formaliza o quadro para a prestação de serviços e conhecimentos especializados ao COTONTCHAD. [184]Estes serviços incluem a contribuição para a execução do plano de sementes, a produção de sementes pré-básicas e básicas com o objetivo de manter a pureza varietal, a formação dos agentes de campo da COTONTCHAD, do pessoal das explorações de multiplicação de sementes e dos produtores de sementes sobre temas relacionados com a produção de sementes de algodão. [185]Incluem também a elaboração de recomendações científicas e técnicas e a participação em reuniões relativas a concursos para a aquisição de factores de produção agrícola, bem como a realização de quaisquer outras peritagens relacionadas com os factores de produção agrícola, o descaroçamento do algodão em caroço e a qualidade das fibras.

- COTONTCHAD-SN: desempenha as seguintes funções:
- Fornecimento de factores de produção agrícola (fertilizantes, produtos fitossanitários, sementes) aos produtores de algodão para a produção de algodão, principalmente a crédito;
- A compra de algodão em caroço com a obrigação de comprar a totalidade da produção;
- O transporte de algodão em caroço, parte do qual é subcontratado a transportadores privados;
- Descaroçamento do algodão em caroço, evacuação e comercialização do algodão em pluma.

O transporte e a transformação das sementes em óleo e bagaço, bem como a sua comercialização. O COTONTCHAD-SN actuou como intermediário do ONDR no controlo dos produtores de algodão. Participou igualmente no financiamento das convenções assinadas entre os outros actores e ela própria.

- O Estado: aprova empréstimos bancários em nome da COTONTCHAD-SN,

[186]subvenciona os factores de produção em benefício dos produtores de algodão e das operações da COTONTCHAD-SN e isenta a empresa algodoeira de certos impostos, como o Imposto sobre o Valor Acrescentado (IVA).

Os bancos: concedem à COTONTCHAD-SN, sob a garantia do Estado, créditos de campanha para a recolha e compra de algodão em caroço, o seu descaroçamento e a comercialização da fibra, e créditos de produtividade para a aquisição de factores de produção e a sua distribuição aos produtores. Executa a garantia de crédito em caso de incapacidade de reembolso da empresa algodoeira.

C- A organização da cultura do algodão no Mandoul Oriental

O algodão é uma cultura colonial que foi introduzida no Chade há muito tempo e que exige uma organização tanto a nível dos agricultores como das empresas de algodão. É com base nesta organização que os intervenientes beneficiam dos bons rendimentos que favorecem o desenvolvimento socioeconómico e político.

1) Organização dos agricultores

A organização dos agricultores na cultura do algodão ocorreu com a introdução do sistema de autogestão, em que as empresas algodoeiras deixaram a produção de algodão a cargo dos

[184] ITRAD, 2007, Rapport d'activités de la production semencière du coton (Relatório de actividades da produção de sementes de algodão)
no Chade, p. 15.

[185] G. Magrin, 2001, p.53.

[186] E. Mbainaissem, 2013, p.84.

agricultores. Em cada aldeia, os agricultores reúnem-se em grupos, cada um dos quais tem um representante. [187]Acima dos grupos, há um presidente conhecido como "Presidente das Associações de Aldeia". De facto, antes do início da época agrícola, o presidente das associações de aldeia tem de elaborar uma lista para cada grupo da aldeia, onde os representantes do grupo são obrigados a registar o primeiro e último nome de cada membro, a ordem e o nome do grupo. Em seguida, o representante do grupo tem de calcular o número de encomendas de fertilizantes e de membros, antes de entregar o documento ao presidente da AV. [188]Este último, por sua vez, deve calcular o número de todos os grupos, incluindo os seus pedidos de fertilizantes.

[189]No entanto, este trabalho preliminar é geralmente realizado em agosto e setembro, e o presidente das Associações de Aldeia tentará contactar o agente do algodão no terreno para obter o resumo e submetê-lo ao supervisor do COTONTCHAD. O número de fertilizantes encomendados é automaticamente seguido pelo número de sementes, produtos fitossanitários, baterias e equipamento para os grupos em cada Associação de Aldeia. É, portanto, com base nas necessidades dos produtores da região que o COTONTCHAD fará as suas encomendas aos fornecedores de factores de produção e de outros equipamentos agrícolas. Além disso, os produtores de algodão pensam em estudos de campo, ou seja, em solos férteis, e limpam-nos para aguardar as suas encomendas e o momento da sementeira. Uma vez recebidas as encomendas, os presidentes das associações de aldeia encarregam-se de as distribuir por cada grupo. São assistidos pelos representantes dos grupos, tendo em conta a lista dos membros e as suas necessidades.

2) A organização do COTONTCHAD-SN

A COTONTCHAD-SN organizou-se para colocar o material agrícola à disposição dos produtores de algodão. É de notar que a COTONTCHAD-SN deu muito mais importância ao estudo das sementes em relação à qualidade dos factores de produção utilizados durante a campanha agrícola. A COTONTCHAD-SN, a fábrica de descaroçamento de Koumra, associou-se ao IRCT para produzir sementes para os agricultores. [190]Existem várias qualidades de sementes utilizadas na região de Mandoul: STAMF Z3T e STAMF Z2T. [191]Inicialmente, a Z00 era produzida em Bébidjia, a Z0 em Békamba, a Z2 em Kyabé e a Z3 em Koumra.

A Z0 produzida em Bekamba é combinada com a Z1 produzida na fábrica de Kourmra para sementeira na zona.

Foto 1: Mistura de fungicidas com as mãos nuas

[187] Entrevista com Deouyo, koumra, 07 de junho de 2017

[188] C. Arditi, 2004, "Des paysans plus professionnels que les développements? L'exemple du coton au Tchad (1920-2002)". *Tiers monde,* ano 2004, volume 31, número 180, p. 68.

[189] Entrevista com Deouyo, koumra, 07 de junho de 2017

[190] COTONTCHAD-SN, 2015-2016, Relatório de atividade de produção, pp. 7-9.

[191] ITRAD Bekamba farm, 2014-2015, Relatório do plano de sementes, p. 13.

[27] COTONTCHAD-SN, 2015-2016, Relatório de atividade de produção, pp. 7-9.

[28] ITRAD Bekamba farm, 2014-2015, Relatório do plano de sementes, p. 13.

Fonte: Didrot Nguepjouo, 2011, Reprodução: Beyenan Ngarasndi

Esta fotografia mostra sementes de algodão misturadas com pesticidas antes da sementeira contra bactérias.

Além disso, havia as variedades STAMF e IRMAB12 popularizadas pelo CO- TONTCHAD. Este último dispõe de um armazenista de factores de produção e de um supervisor, assistidos por agentes do algodão no terreno para o acompanhamento durante todo o ano agrícola. A COTONTCHAD colabora com o ONDR (Office Nationale de Développement Rural) para o fornecimento de certos equipamentos agrícolas aos agricultores, como tractores, charruas (tração animal) e carroças a crédito agrícola. Para tal, a COTONTCHAD-SN deve emitir a fatura aos presidentes das associações de aldeia para que, após ter efectuado o "mercado do algodão em caroço" e no momento do pagamento, retire automaticamente o seu dinheiro. [29]A isto chama-se recuperação de dívidas".

As facturas devem ser tratadas com muito cuidado pelo armazenista de entrada e pelo supervisor do COTON TCHAD-SN.

3) O sistema de produção do algodão

A popularização das técnicas de cultivo do algodão levou os agricultores a adotar sistemas de produção muito diferentes dos tradicionais. A análise científica mostra que a intensificação foi conseguida através da utilização de sementes melhoradas e de fertilizantes minerais, bem como da incorporação de culturas de tração animal para poupar mão de obra em períodos-chave do calendário de cultivo e, evidentemente, para facilitar o transporte. [30]Os sistemas de produção de algodão são caracterizados por uma grande variedade de factores, entre os quais as culturas, os resíduos de culturas e o estrume, o controlo dos tratamentos contra as doenças das plantas e o estrume dos animais. [31]De facto, os sistemas de produção de algodão devem ser adaptados à zona de produção, em função da quantidade de precipitação durante o ano agrícola. [32]O algodão necessita de 800 a 1000 milímetros de chuva para um crescimento normal até ao seu rebentamento . Mais uma vez, é preciso fazer a sementeira dentro dos prazos necessários. Mencionámos três fases de sementeira:

- O período semi-precoce vai de 15 de maio a 10 de junho;
- O período de funcionamento da semi normalidade decorre de 11 a 25 de junho;

- A semitardia começa de 26 de junho a 10 de julho.

Nalguns casos, porém, o algodão tornou-se a cultura dominante e determinante, para a qual "as rotações e as técnicas são importantes em zonas com uma única estação das chuvas. [192]Precisa de três meses completos de água para crescer e obter bons rendimentos". [193]A cultura do algodão continua a ser marginal para os outros produtores, que a cultivam de acordo com as circunstâncias, nomeadamente nas zonas com duas estações chuvosas. Teoricamente, o algodão é acessível a todos, mas é também um fator de diferenciação social. A importância desta cultura implica a disponibilidade de mão de obra em várias fases: lavoura e sementeira, monda, transformação e colheita.

De um modo geral, o sistema de produção do algodão tem em conta todos os aspectos, incluindo a quantidade de sementes, que tem um maior impacto no crescimento das plântulas. De facto, devem ser semeados dois sacos de sementes por hectare. [194]Os produtores são aconselhados a semear o algodão em linhas com um espaçamento de oitenta centímetros entre linhas e pilhas de vinte e cinco em solos ricos e trinta em solos menos ricos. A monda e a amontoa são importantes para a manutenção do algodoeiro. As operações seguintes foram efectuadas após a emergência:

- A primeira monda é acompanhada da primeira monda e da primeira sementeira de substituição, que deve ser efectuada, no máximo, quinze dias após a sementeira;
- A segunda monda é combinada com a última sacha e a amontoa, que devem ser efectuadas quatro ou cinco dias após a sementeira;
- A monda é efectuada manualmente, mas é demasiado difícil para os agricultores devido ao elevado custo dos herbicidas.

Foto 2: Monda de um campo de algodão depois de as plantas jovens terem emergido e um campo de algodão em floração.

Fonte: Fotografia de Nguehodjim, 16 de junho e fotografia de Beyenan, 24 de setembro de 2017.

Esta fotografia mostra a primeira monda do algodoeiro, seguida da remoção das plântulas para permitir um bom crescimento e o período de floração. O algodoeiro começa a dar frutos, o que levará à abertura do caroço de algodão.

No entanto, o adubo NPKSB (Azoto, Fósforo, Potássio, Enxofre e Boro) deve ser aplicado nas plantas de algodão vinte dias após a primeira monda. [195]Este adubo "fortalece a planta e quarenta e cinco dias depois deve ser aplicado o azoto, que é a ureia" . São recomendados

[192] Entrevista com Deouyo, Koumra (Chade), 14 de junho de 2017
[193] Grupo de trabalho Coopération Française sur les filières cotonnières en Afrique, p. 93.
[194] Entrevista com Beramgoto, Koumra, 08 de junho de 2017
[195] Entrevista com Beramgoto, Koumra, 08 de junho de 2017

dois (02) sacos de adubo NPKSB para um hectare. A rotação de culturas recomendada pelo IRCT para as culturas cultivadas em terrenos limpos consistia em colocar o algodão no topo da rotação, seguido do painço e depois do amendoim, terminando com um pousio tão longo quanto possível. A data do primeiro tratamento é fixada em quarenta e cinco dias. Os produtos são utilizados segundo a técnica T.B.V (very low volume). [196]Trata-se de pulverizar dez litros por hectare, misturando duas saquetas de produtos concentrados com nove litros de água.

O equipamento Micron Ulva+ é utilizado para a pulverização e o operador deve cobrir a cabeça e os dedos. O tratamento deve ser efectuado seis ou sete vezes, em função da doença ou do parasita observado. Na medida do possível, os supervisores devem determinar a natureza dos parasitas nos campos. [197]Por esta razão, devem distribuir o tipo de produto adequado para eliminar os ataques observados nas plantas de algodão. As doenças e os parasitas mais frequentes são :

- Afídeos (Aphis gossypil) ;
- Sementes de fusão ;
- Fritilária (lygus vosseleri),) lagartas (helicoverpa armigera, Earias);
- Acariose.

Os tratamentos devem ser efectuados com um intervalo de quinze dias, procedendo-se à monda sempre que houver erva. Os bois devem ser utilizados três vezes durante o ano agrícola. A experiência mostra que o algodão tem um ciclo normal de abertura das cápsulas de 120 dias. [er198]Assim, se tivermos em conta a sementeira semi-precoce, apenas a partir de 1 de junho, a abertura das cápsulas pode ser colhida duas ou mesmo três vezes. Com efeito, a sementeira antecipada permite que o algodoeiro aproveite toda a estação das chuvas e as temperaturas elevadas de junho; reduz os danos causados pelos principais ataques de pragas em outubro e limita o risco de erosão do solo nu.

4) Duração das obras e calendário agrícola

A duração do trabalho não pode ser estimada com exatidão, pois depende da dificuldade do trabalho, que varia em função da natureza do terreno, dos cuidados com a plantação e dos métodos de cultivo, com ou sem cavalo e carroça. [199]Deduzido o tempo necessário para a limpeza do terreno, pode ser estimado entre cem e cento e vinte dias de trabalho por hectare, cerca de metade dos quais são gastos na estação das chuvas, ou seja, mais do que para o painço.

[41]O trabalho é efectuado de acordo com um calendário preciso, com apenas algumas variações. A época de cultivo do algodão abrange a maior parte do ano, desde a preparação dos campos no final da estação seca até à colheita, destruição das plantas de algodão e comercialização. O calendário elaborado pelos agrónomos do IRCT permite situar este trabalho no tempo e, assim, estimar a sua interferência nas outras actividades dos produtores. No entanto, a estaca ou demarcação dos campos de algodão dos produtores dentro do agrupamento foi efectuada após o inquérito de campo. O quadro seguinte ilustra as diferentes fases do calendário agrícola.

Quadro 2: Calendário agrícola da região de Mandoul Oriental

[196] F. Nuttens, 2001, La production de coton graine en zone soudanienne, N'Djamena, Ministère de l'Agriculture, ONDR/DSN, p. 87.
R. Levrat, 1950, p. 135.
F. Nuttens, 2001, p. 123.
Ibid.

Mês	Actividades
1 de abril - 30 de abril	Escolha do local
15 de abril - 15 de maio	Estaca de campo, limpeza de terrenos
15 de maio - 31 de maio	Distribuição de sementes, espalhamento de estrume, lavoura ou sachadura de campos
1 de junho - 20 de junho	Semeadura
20 de junho - 15 de julho	Substituição de objectos em falta
1 de julho - 1 de agosto	Primeira monda, afrouxamento e aplicação de bagaço de oleaginosas ou de fertilizantes, amontoa
1 de agosto - 20 de agosto	Segunda monda, sulcagem
1 de setembro - 20 de setembro	Terceira monda, sulcagem
1 de agosto - 30 de setembro	Tratamento inseticida
1 de outubro - 31 de outubro	Fabrico de estantes de secagem, cestos, silos para sementes de algodão e sementes
15 de outubro - 31 de outubro	Colheita e seleção de algodão
1 de novembro - 1 de março	Mercados do algodão
1 de janeiro - 15 de fevereiro	Arranque e incineração de plantas de algodão

Fonte: CFDT, IRCT e ONDR

A preparação do terreno exige um trabalho de limpeza longo e difícil, que deve começar em abril. [200]Só são deixadas as árvores úteis (acácia, carité, tamarindo) e os cepos das árvores de diâmetro médio ou pequeno, que permitirão a sua rebrota no final do ciclo de cultura. Após a queima dos resíduos da limpeza ou da colheita anterior, o solo é sachado logo que as primeiras chuvas o humedecem o suficiente para o soltar e permitir a boa germinação das sementes.

[201]A introdução da charrua permitiu substituir a sacha pela lavoura. A lavoura era praticada com uma alfaia agrícola denominada "charrua", que soltava e arejava o solo, garantindo uma boa retenção da água à superfície e a infiltração em profundidade. Requer uma limpeza mais extensa, mas funciona melhor em solos pesados. [202]A enxada enterra as ervas daninhas e o material vegetal, enriquecendo o solo e reduzindo a necessidade de uma primeira monda. A principal vantagem é que poupa tempo ao agricultor.

5) Colheita do algodão e limpeza dos caules

A colheita do algodão pode começar logo em meados de outubro, depois da colheita do painço vermelho e durante a colheita do painço branco: está em pleno andamento em novembro e dezembro e, se necessário, prolonga-se até janeiro ou mesmo fevereiro, para permitir que todas as cápsulas rebentem. [203]É preferível colher o algodão quando está completamente maduro e não atrasar. O algodão está sujeito ao vento, à alternância entre o orvalho e a seca e ao aumento do número de pulgões, pelo que se suja e se deteriora.

[200] J. Cabot, 1957, p. 95.

[201] E.Vall et al. 2000, Études des pratiques et stratégies paysannes de traction animale dans les zones savanes cotonnières du Cameroun, Tchad et RCA, PRASAC/Irad, pp. 21-23.

[202] *Ibid.*

[203] E, Mbetid-Bessane et al. 2003, *Evolution des conditions de la production cotonnière en Afrique Centrale et ses conséquences sur les stratégies paysannes*, PRASAC, N'Djamena, p. 63.

[204]A colheita do algodão requer, portanto, duas ou três passagens sucessivas, com alguns dias ou semanas de intervalo: a primeira, que é a mais importante em termos de quantidade e qualidade, é reservada ao algodão branco. As passagens seguintes exigem que o algodão seja selecionado para remover qualquer qualidade amarela contaminada por parasitas, uma operação que pode ser realizada durante a colheita ou na cabana. [205]A colheita é geralmente efectuada pelos membros da família, embora por vezes seja feita coletivamente.

Foto 3: Colheita manual de algodão em caroço

Fonte: Fotografia de Yann Arthus Bertrand, 2005. Reprodução, Beyenan Ngarasndi

O trabalho só começa quando o sol já dissipou a humidade da madrugada. O algodão é transportado à frente da carroça, uma tarefa pesada em que participa toda a família. [206]É primeiro estendido durante alguns dias em estantes de secagem e depois armazenado ao abrigo, quer nos sótãos, quer nas habitações, quer em silos de terra.

Quanto às plantas velhas de algodão, devem ser cortadas rente ao solo no final da colheita para evitar o seu crescimento, sendo depois amontoadas e queimadas como medida profiláctica. Esta operação, que continua a exigir três dias de trabalho para uma corda, foi objeto de uma grande resistência por parte dos agricultores. [207]A maior parte dos agricultores só os "corta e queima no ano seguinte, quando preparam os seus campos de painço". Por conseguinte, é necessário dar especial ênfase ao desenvolvimento da produção de algodão e da pluviosidade na região de Mandoul Oriental.

II - DESENVOLVIMENTO DA PRODUÇÃO DE ALGODÃO EM CAROÇO NA REGIÃO DE MANDOUL ORIENTAL

A - Desenvolvimento de sementes de algodão em toneladas nas terras agrícolas

Na região de Mandoul, a cultura do algodão foi bem sucedida em algumas épocas, mas

---

[204] *Ibid.*

[205] R. Levrat, 1950, p. 215

[206] Entrevista com Beramgoto, Koumra, 08 de junho de 2017

[207] Entrevista com Beramgoto, Koumra, 08 de junho de 2017

também diminuiu devido a factores naturais e químicos. De 1971 a 1975, as toneladas de algodão em grão aumentaram para 9.376 toneladas numa área de 2.513 ha. Esta diminuição do rendimento explica-se pelo atraso do calendário agrícola e pelo facto de poucos agricultores estarem interessados na cultura do algodão. [208]As estatísticas relativas ao algodão em caroço produzido entre 1975 e 1980 são de 5.793 toneladas numa superfície de 4.458 ha na região. [209]Este período coincidiu com a política agrícola lançada pelo Presidente Ngarta Tom-Balbaye, que previa a produção de 75 000 toneladas de algodão em caroço.

No entanto, o governo está a encorajar a produção de algodão, que é vital para o seu financiamento. [210]A visão política da revolução cultural do Presidente Tombalbaye era uma loucura económica positiva, pois pedia aos chadianos que produzissem 75.000 toneladas de algodão em 1974. [211] Por isso, declarou que o objetivo prioritário do Movimento Nacional para a Revolução Cultural e Social (MNRCS) era mobilizar os agricultores para se interessarem pela produção de algodão em caroço. [212]A campanha de 1980-1985 produziu um total de 7.233 toneladas de algodão em caroço numa área média de 6.124 ha. A população local está interessada na cultura do algodão porque precisa de ter acesso a factores de produção para melhorar a fertilidade dos solos e utilizá-los para culturas alimentares. [213]É de notar que o COTONT-CHAD passou por crises nos anos 80, em resultado das quais 65% da população local abandonou esta cultura de rendimento em favor de culturas alimentares.

De 1985 a 1990, a tonelada de algodão em caroço aumentou para 9524 toneladas, cobrindo uma área de 6986 ha. Estes números mostram a descida do preço de compra por quilograma; o Governo do Chade e o COTONTCHAD utilizaram novas estratégias de comercialização para aumentar o nível da produção de algodão. [214]Em 1995, foram cultivadas 11127 toneladas de algodão em caroço numa superfície de 8934 ha. Este facto foi o resultado de preços mais elevados pagos aos produtores pelo algodão em caroço. A campanha agrícola de 1995-2000 registou uma quebra, tendo o COTONTCHAD produzido 11 285 toneladas numa área de 9 557 ha. [215]De 2000 a 2005, foi registado um total de 1.733 toneladas, numa área semeada de 1.125 ha.

O algodão é cultivado numa grande área de terra na região, mas como resultado das chuvas tardias, ainda está em declínio. A produção de algodão em caroço na época de 2005-2010 foi de 13785 toneladas, correspondendo a uma área de 11987 ha. Durante estes anos, houve uma boa dose de chuva, o que ajudou a melhorar o rendimento do algodão. Na época 2011-2012, tivemos 7.800 toneladas, ou 1.800 ha de área semeada. Em 2013-2014, foram colhidas 14.142 toneladas de algodão numa área de 1.037 hectares. De 2014 a 2015, a COTONTCHAD (fábrica de Koumra) registou um crescimento notável, com 20590 toneladas de algodão em caroço registadas, representando 14345 ha de área semeada. [216]De 2016 a 2017, registaram-se 27 000 toneladas numa superfície de 1 6887 ha. Os resultados das campanhas agrícolas têm

---

[208] D. Marambaye, 2002, "Évolution des conditions paysannes de production du coton au Sud du Tchad et ses conséquences sur les stratégies des paysans, Rapport de maitrise", PRASAC, N'Djamena, p. 63.

[209] R. Buijtenhuijs, 1965-1976, *Le FROLINAT et les révoltes populaires du Tchad*, Mouton, p. 175.

[210] Relatório do Presidente TOMBALBAYE, 27 de agosto de 1974, p. 69.

[211] Mouvement National pour la Révolution Culturelle et Sociale (MNRCS), criado por TOMBALBAYE em 1973, após a dissolução do PPT-RDA.

[212] D. Marambaye, 2002, p. 68.

[213] M. Fok, 2006, "Crises cotonnières en Afrique et problématique du soutien", *Biotechnologie, Agronomie, Société et environnement*, BASE [Em linha] volume 10, número 4, p. 312.

[214] . COTONTCHAD-SN, 2016, Rapport des activités agricoles, zone coton du Mandoul Oriental, pp. 912.

[215] *Ibid.*

[216] *Ibid.*

em conta os condicionalismos da natureza, as áreas semeadas de acordo com a motivação dos produtores. O gráfico abaixo fornece mais informações sobre a evolução da produção de algodão em caroço e as superfícies semeadas em Mandoul Oriental.

Gráfico 1: Evolução do algodão em caroço em toneladas nas terras agrícolas de 1971 a 2016

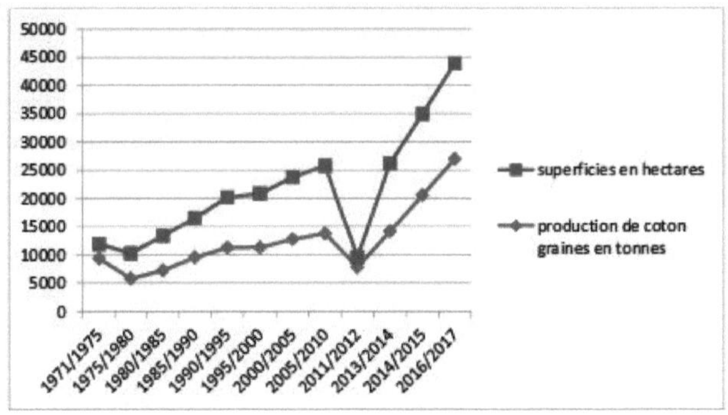

Fonte : COTONTCHAD-SN

B- Tendências da precipitação

A agricultura chadiana é historicamente de sequeiro, nomeadamente a cultura do algodão, que está sempre à espera da chegada das chuvas. Este fenómeno natural é, de certa forma, o destino dos produtores e mesmo do resto da sociedade. [217]Os padrões de precipitação variam de ano agrícola para ano agrícola, por vezes diminuindo, por vezes aumentando, o que tem efeitos muito complicados nos rendimentos agrícolas. [218]No decurso da nossa investigação, tivemos de localizar os dados relativos à quantidade de precipitação nos últimos 16 anos na região de Mandoul Oriental. A verdade é que a chuva é uma condição de produção que preocupa o homem, porque este já não a pode controlar no momento certo. O gráfico seguinte mostra a evolução da pluviosidade na região de Mandoul Oriental.

[217] A. Beauvilain, 1996, "La pluviométrie dans le bassin du lac Tchad. Trabalhos e documentos científicos do Tchad. Documents pour la recherche", Número V, CNAR, p. 89.

[218] COTONTCHAD-SN, 2015-2016, Rapport de l'antenne Radio sur la pluviométrie, p. 9.

Figura 3: Tendências da precipitação de 2000 a 2016

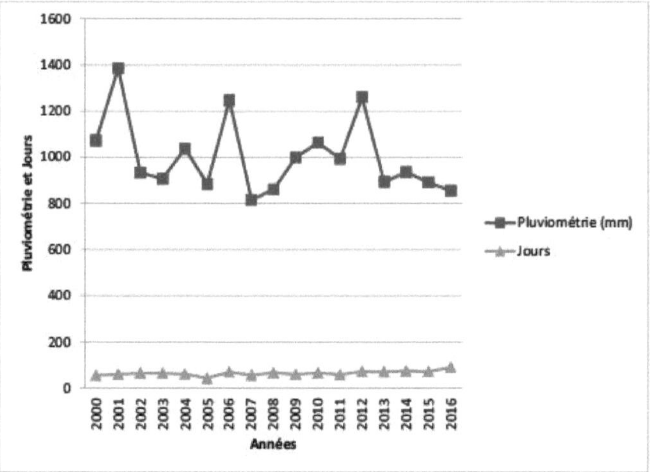

Fonte: Radio COTONTCHAD-SN (Koumra)

A quantidade certa de precipitação varia entre 800 e 1200 mm por ano, o que é bom para o rendimento das culturas.

III - AS CAUSAS DA QUEDA DA PRODUÇÃO ALGODÃO DE SEMENTE

A principal razão para a queda da produção é o baixo rendimento no campo, reforçado pela redução da área semeada.

A- Baixo rendimento

Na região de Mandoul Oriental, os rendimentos agrícolas têm sido irregulares e registam uma tendência decrescente, atingindo um nível elevado na época de 2012/13 em comparação com os anos anteriores. Este declínio pode ser explicado por:

[219]Esgotamento dos solos devido à sobre-exploração das parcelas em consequência da pressão demográfica crescente, à eliminação progressiva dos pousios, à utilização desregrada de fertilizantes químicos e à falta de estrume reparador. Os elementos fertilizantes exportados todos os anos para a cultura do algodão não são suficientemente restituídos ao solo, porque as doses de fertilizantes recomendadas no Chade não são respeitadas e são, de facto, inferiores à norma, devido à inadequação dos fertilizantes e ao seu elevado custo. [220]No entanto, um estudo do ITRAD demonstrou que a dose recomendada de 100 kg de adubo NPKSB mais 50 kg de ureia por hectare já não é rentável e deve ser revista para 150 kg/ha, mais a mesma quantidade de ureia para espalhamento. No entanto, esta nova dose, que é inferior à dose de 250 kg de adubo por hectare (200 kg de adubo NPKSB mais 50 kg de ureia) utilizada noutros locais, não é ainda amplamente utilizada nas zonas rurais.

[221]Falta de adubos orgânicos , os adubos químicos só podem ser eficazes em solos com um teor mínimo de matéria orgânica, mas poucos produtores trazem este material para o campo

[219] F. Nuttens, 2001, p. 47

[220] *Ibid.*

[221] *Ibid.*

porque não está disponível, é difícil de produzir, difícil de trabalhar e de transportar e é caro. A notória falta de apoio técnico aos produtores; o ONDR, responsável pelo controlo do algodão, dispunha de um certo número de agentes de controlo no terreno. A experiência no terreno mostra que, desde a crise do algodão dos anos 80, o ONDR tem mostrado pouco interesse em supervisionar os produtores de algodão e, por conseguinte, tem tido poucos agentes no terreno. COTONTCHAD-SN, que deverá fornecer o apoio local desejado pelos agricultores e pelo Governo do Chade.

B- Diminuição da área plantada

[222]A diminuição da área cultivada conduz imediatamente a uma diminuição da produção ao nível dos co-cultivadores e da COTONTCHAD-SN. Esta situação deve-se frequentemente ao desânimo dos produtores, ligado ao mau funcionamento da empresa algodoeira na sequência das crises que atravessou, o que provoca atrasos na recolha do algodão e no pagamento dos rendimentos do algodão em caroço. Esta situação não exclui o fenómeno das alterações climáticas em todas as suas formas.

C- Alterações climáticas

A questão das alterações climáticas continua a preocupar a maioria das sociedades africanas, incluindo o Chade. Em 2001, o Chade tomou consciência do fenómeno das alterações climáticas, sendo a sua vulnerabilidade medida pela diminuição ou aumento da precipitação, pela irregularidade das chuvas e pela redução das estações chuvosas intercaladas por períodos de seca de duração variável. As consequências das alterações climáticas para a agricultura no Chade em geral e na região de Mandoul Oriental em particular podem ser explicadas por fenómenos climáticos extremos:

Inundações, secas, estações chuvosas mais curtas, perturbação dos calendários agrícolas e más colheitas. [223]No entanto, é notável que a precipitação média anual tenha aumentado dentro do intervalo de 800 a 1200 milímetros que caracteriza a precipitação normal.

[224]O atraso das chuvas perturbou frequentemente o calendário agrícola, obrigando os produtores a semear o algodão fora da data prevista, o que provocou uma diminuição da superfície semeada. Na mesma ordem de ideias, é de notar que o mesmo acontece com os períodos de seca ou inundações que ocorrem no auge do período de desenvolvimento vegetativo, quando as plantas de algodão começaram a dar frutos.

Em suma, a produção de algodão exige muito trabalho, com diferentes métodos para o seu desenvolvimento e um rendimento que varia em função dos factores de produção. A investigação técnica levada a cabo por agrónomos mostrou a importância da cultura do algodão em relação ao sistema de produção, a favor dos motocultivadores para a intensificação. Este sistema pode ser aplicado às culturas alimentares, respeitando a data de sementeira e a manutenção até à maturidade.

No Chade em geral, e em Mandoul Oriental em particular, o ONDR é responsável pela supervisão dos produtores no domínio do desenvolvimento agrícola, na sequência da organização dos agricultores e do COTONTCHAD para o fornecimento de factores de produção. Na sequência das crises financeiras do COTONTCHAD, o ONDR retirou-se claramente do controlo e do fornecimento de material agrícola aos agricultores.

É verdade que o CO- TONTCHAD se comprometeu a colocar agentes do algodão no terreno, mas o nível de controlo continua a ser preocupante para as associações de aldeia.

---

[222] Entrevista com Deouyo, Koumra, 28 de junho de 2017
[223] Entrevista com Ngar-rangaye, Koumra, 28 de junho de 2017
[224] Entrevista com Ngar-rangaye, Koumra, 28 de junho de 2017

CAPÍTULO III

COMERCIALIZAÇÃO DO ALGODÃO NA REGIÃO DE MANDOUL ORIENTAL

Desde a sua introdução no Chade, o algodão formou uma imagem de mercado entre os produtores e as empresas algodoeiras que o transformam. Por conseguinte, o sul do Chade é a zona-alvo da cultura do algodão, contribuindo para a vida económica do país e da população local. A comercialização do algodão exige a organização dos actores envolvidos para obter lucros. Muito antes da privatização da empresa subsidiária do algodão no Chade, existiam métodos de comercialização do algodão sob a responsabilidade dos administradores das aldeias. [225][226]Algumas décadas mais tarde, o sistema de mercado do algodão foi modificado sob a designação de "mercado autogerido", em que 95% da responsabilidade é assumida pelos agricultores até ao momento em que o algodão em caroço é transportado para a fábrica de descaroçamento para pesagem na Ponte Bascule (PB). É de assinalar que, no Chade, o preço do algodão em caroço no mercado interno é fixado na sequência de negociações bipartidas entre o COTONTCHAD-SN e o Comité de Coordenação Local, supervisionado pelo Estado, com uma eventual arbitragem política relativa à concessão de um subsídio suplementar para apoiar o preço do algodão.

O preço de compra do algodão em caroço é então fixado por decreto do Ministério do Comércio. Este preço é o mesmo para toda a zona de produção de algodão, para um ano agrícola. Perante as várias intervenções na fixação do preço de compra do algodão em caroço, os agricultores não podiam reagir e limitavam-se à produção de algodão. A partir de então, o conceito de comercialização do algodão em caroço consistiu em analisar os itinerários dos mercados autogeridos ao nível dos agricultores e do COTONTCHAD-SN.

I - COMERCIALIZAÇÃO DO ALGODÃO EM CAROÇO

O comércio do algodão em caroço constitui a segunda fase da produção de algodão desde a sua introdução em África, em geral, e no Chade, em particular. O mercado nacional tradicional era gerido pelo COTONTCHAD e caracterizava-se pela presença de distribuidores de factores de produção, pagadores, pesadores, classificadores e embaladores de algodão em caroço nas aldeias. Por conseguinte, integra a organização dos agricultores e do COTONTCHAD.

A- A organização do mercado do algodão de semente a nível dos agricultores

A organização do mercado do algodão é uma atividade altamente técnica que exige uma adaptação dos produtores para evitar todo o tipo de problemas quando o algodão em caroço chega à fábrica de descaroçamento. Na região de Mandoul Oriental, os produtores de algodão organizaram-se de acordo com o COTONTCHAD, através de coordenadores locais a nível cantonal, para a aquisição de factores de produção para a produção de algodão até à colheita e compra. O mercado do algodão em caroço requer um certo número de canais para o seu

[225] O pedido dos agricultores aos comités de coordenação local para que negociem com o COTONT-CHAD a revisão da "carta dos mercados autogeridos de algodão-semente", nomeadamente do artigo 16° - pedido que, segundo os agricultores, não passou de letra morta até à data, p. 5.

[226] *Ibid.*

funcionamento, incluindo a abertura de um mercado autogerido, a pesagem e o pagamento.

1) Abrir o mercado da auto-gestão

A abertura do mercado autogerido é a primeira etapa da atividade comercial, que inclui a organização dos produtores. Prepara os seus espíritos para serem mais rápidos na colheita do algodão caroço exposto aos animais ou aos incêndios florestais. [227]Para o efeito, o presidente da associação da aldeia (AV) convida os produtores a limpar o centro de compras (CA) e a partir com o seu stock de algodão em caroço. Os agricultores utilizaram vários meios de transporte do algodão, alguns dos quais foram obrigados a deslocar o algodão para o centro de compras.

No entanto, para manter os custos baixos, obrigam as suas famílias a encher de adubo os cestos, contentores e sacos tradicionais para poderem transportar o algodão à cabeça para o mercado, por mais longe que este esteja. Caso contrário, têm de alugar carroças e bois para o transporte. Os agricultores que dispõem de meios de transporte podem utilizá-los em qualquer altura para levar as suas existências de algodão em caroço para o centro de compras. [228]O trabalho envolvido era uma verdadeira tarefa para os agricultores, sem medir as consequências negativas. Quando o algodão em caroço era comprado, os agricultores contribuíam com as suas reservas de milho para pagar aos trabalhadores, embora a COTONTCHAD tivesse de os pagar com base nas toneladas de algodão expedidas na caixa poly ben.

A isto acresce a qualidade média da produção, que pode ser melhorada através da criação de lotes homogéneos de algodão em caroço, agrupando colheitas de parcelas que tenham recebido o mesmo itinerário técnico e separando a primeira colheita da seguinte. [229]É necessária uma área de, pelo menos, 50 x 75 metros, sem árvores, limpa e varrida, e deve ser construído um abrigo, incluindo um telheiro para a equipa de compras: 4 a 5 metros de comprimento, 3 a 4 metros de largura e, pelo menos, 2,5 metros de altura. Após este exercício, o inspetor intervém para controlar os lotes de algodão-semente armazenados antes da autorização da pesagem.

Foto 4: Mercado autogerido de algodão em caroço

Fonte: Didrot Nguepjouo, 2011, p. 22. Reprodução: Beyenan Ngarasndi

[227] Entrevista com Madrangaye, Koumra, 06 de junho de 2017

[228] J. Lhuilier, 1900-1950, "Tchad, le coton", Tropique, n.º 328, p. 120.

[229] M. Cretenet, 2006, *Le guide technique de la production du coton graine de qualité*, Paris, L'Harmattan, pp. 101-109.

Esta fotografia mostra a central de compras (CA) onde se realizou o mercado autogerido na presença dos agentes de controlo antes da pesagem.

2) O papel do responsável pelo controlo no centro de compra de algodão caroço

O papel do inspetor no mercado do algodão em caroço é pedir aos produtores que sejam regulares: separar o algodão e mantê-lo no local adequado antes de o vender.

- Armazenamento e seleção do algodão em caroço: a nível da exploração, o algodão em caroço colhido deve ser seco em prateleiras no dia da colheita e depois selecionado em três categorias, de acordo com o número de colheita e a qualidade visual:

Primeira escolha: algodão branco, selecionado, seco, isento de fibras manchadas, de alojamentos de cápsulas imaturas, de resíduos de caule, de bactérias e de outras impurezas provenientes de cápsulas inteiras, abertas ou não.

- A segunda escolha: algodão branco não selecionado ou algodão malhado limpo, isento de alojamentos de cápsulas imaturas, resíduos de caule, bactérias e outras impurezas, cápsulas inteiras não abertas ou abertas.
- [230]A terceira escolha: o algodão constituído pelos resíduos de triagem, é fortemente colorido, geralmente imaturo e sujo .

No entanto, a classificação oficial do algodão em caroço de acordo com estes critérios é efectuada no mercado de compra da associação da aldeia. Esta classificação é efectuada visualmente, utilizando uma caixa normalizada de algodão em caroço com três compartimentos. As caixas finais são utilizadas como referência e contêm amostras de algodão em caroço representativas do lote de algodão a classificar. A classificação é efectuada por comparação com as referências, cujo lote de algodão é classificado consoante o aspeto da amostra se aproxime mais da primeira ou da segunda referência, mas é classificada em terceiro lugar. Após o controlo da amostra, os agricultores devem levar os seus fardos para a balança. A equipa de pesagem deve registar num caderno adequado as referências dos fardos pesados, o seu peso e origem, a variedade e a geração da multiplicação. O vendedor deve assinar o seu nome à frente deste caderno e levar consigo o talão com todas as referências.

O algodão em caroço de primeira qualidade é embalado, colocado no camião e transportado em primeiro lugar para a instalação de descaroçamento. [231]No caixote a encher, as lonas são colocadas no chão para recuperar o algodão que caiu com o mínimo de impurezas possível. O algodão em caroço é colocado na caixa para poupar o máximo de espaço possível. Se as diferentes qualidades tiverem de ser carregadas no mesmo camião, deve haver o cuidado de as separar. [232]Cada caixa deve ter uma placa, que é a parte preta, pintada com giz, para informar a fábrica da origem do algodão em caroço (aldeia, mercado comprador), da variedade e da geração de propagação, do peso aproximado do algodão em caroço carregado e da sua categoria comercial.

No entanto, os mercados autogeridos (SMM) são uma atividade primária de comercialização do algodão em caroço gerida pelas associações de aldeia e regida por uma carta que define os procedimentos organizacionais. Depois de a equipa de compras ter efectuado um resumo, dois transportadores são responsáveis pelo transporte do algodão em caroço, carregado no camião, para a fábrica de descaroçamento, onde é pesado na báscula para determinar o peso da aldeia

---

[230] COTONTCHAD , Guide pratique des activités commerciales de coton graine, p. 11.

[231] *Ibid.*

[232] Entrevista com Deouyo, Koumra, 14 de junho de 2017

e o da fábrica. A diferença permanece em excedente ou em défice na conta da VA em causa. Para o efeito, a COTONTCHAD é obrigada a comprar todo o algodão produzido por uma VA regularmente constituída. Em caso de incumprimento, ou seja, de não cumprimento da carta ou de falta de pagamento dos factores de produção, o mercado da VA pode ser suspenso.

3) Pagamento aos agricultores e reembolso das dívidas CO TONTCHAD

O pagamento das VAs deveria ter lugar imediatamente após o fim do mercado autogerido. [233]"Na fábrica de descaroçamento, a COTONTCHAD recebe o dinheiro do equipamento e dos factores de produção a crédito, antes de pagar aos VA em causa". Por seu turno, as VAs recapitalizar-se-ão para satisfazer os seus membros, o que não é tarefa fácil dado o sistema de garantia solidária dos grupos.

Esta operação diz respeito unicamente aos agricultores que não puderam reembolsar as suas dívidas relativas aos factores de produção e ao material agrícola entregues pela CO- TONTCHAD. [234]Os gestores do VA utilizam várias estratégias para cobrir as dívidas antes do pagamento: a mais comum é imputar a dívida ao agrupamento, o que equivale a recuperá-la diretamente do agricultor em causa e da sua família, podendo ir até à penhora dos bens agrícolas ou do gado disponível.

Com efeito, o facto de os produtores não poderem reembolsar o crédito a montante deve-se a uma série de factores diferentes:

> Produção afetada por fenómenos climáticos regionais (inundações, secas);

> Quebras de produção ligadas a deficiências diretamente imputáveis ao COTONCTHAD na gestão das campanhas de produtividade (atrasos na introdução de factores de produção, por exemplo);

> Perdas financeiras devidas a práticas de VA: transferência dos factores de produção entregues para outra produção, entrega de algodão ao abrigo de outra VA, paragem colectiva da produção de algodão após a receção dos factores de produção e transferência e venda de existências.

Uma vez recuperadas as dívidas, os presidentes das AV podiam prosseguir com os pagamentos aos produtores, tendo em conta a ordem das pesagens registadas. É de notar que, para algumas AV, os excedentes e os descontos concedidos pelo CO- TONTCHAD se destinam a acções sociais. [235]No entanto, muitos "utilizaram este dinheiro entre a equipa de compras e os chefes de aldeia para as suas próprias necessidades". É isto que muitas vezes gera conflitos nas AVs, uma vez que as actividades do mercado autogerido são o resultado dos métodos utilizados para fixar os preços do algodão-semente.

B - Mecanismos de fixação dos preços de compra do algodão em caroço.

Os mecanismos de fixação dos preços do algodão em caroço para os produtores são da responsabilidade das empresas para-estatais de algodão, através de um sistema de preços regulamentados. [236]Estas empresas detêm o monopólio do fornecimento de factores de produção e de equipamento agrícola aos produtores. Consequentemente, os produtores têm pouca influência sobre os tipos e as quantidades de sementes que utilizam. Aparentemente, as empresas para-estatais controlam as compras de algodão em caroço e a maior parte do descaroçamento e da comercialização da fibra de algodão, tanto a nível interno como externo,

[233] Entrevista com Deouyo, Koumra, 14 de junho de 2017

[234] Entrevista com Deouyo, Koumra, 14 de junho de 2017

[235] Entrevista com Djimako, Ngomanan, 18 de maio de 2017

[236] Macra Tadin, 1983, "L'Intervention de l'Etat dans le secteur cotonnier au Tchad", tese de doutoramento em Direito Público, Universidade de Toulouse, p. 207.

bem como os co-produtos do algodão em caroço. [237]No entanto, é de salientar que existe um preço único de compra do algodão em caroço fixado em todas as zonas de produção de algodão do Chade. Este preço pode ser alterado ou mantido durante o ano agrícola seguinte. O atual sistema de fixação de preços oferece uma certa estabilidade aos produtores, mas a um custo relativamente elevado em termos de equipamento agrícola concedido pelos organismos. [238]Além disso, no âmbito do funcionamento da Caisse de Stabilité des Prix du Coton (CSPC), foi criado em 1968 um mecanismo de fixação do preço do algodão, que garante e estabiliza o preço do algodão ao produtor desde o início da atividade da COTONTCHAD no sector. Para o efeito, o Governo fixa o preço do algodão a pagar aos produtores, que é posteriormente determinado através da aplicação de um mecanismo cuja fórmula de cálculo é igual a 17% do preço da fibra, deduzidos os impostos e outros custos de exportação. Se o preço pago aos produtores for superior ao preço calculado, o CSPC reembolsará à COTONTCHAD 80% das perdas sofridas. [239]Se, pelo contrário, o preço for inferior, a COTONTCHAD paga à CSPC 80% dos seus lucros, deduzidos os impostos e as amortizações. Esta política de preços garante o rendimento dos produtores, incentiva-os a produzir mais algodão e, por conseguinte, fornece divisas ao Estado.

1) Política do Governo do Chade relativa ao mecanismo de fixação dos preços do algodão em caroço

O Estado chadiano desempenha o papel de observador no que se refere à aplicação do mecanismo de fixação dos preços do algodão em caroço, que é da responsabilidade do Ministério do Comércio e do Ministério da Agricultura no momento da negociação do primeiro pagamento por quilograma de algodão, em parceria entre os produtores e o COTONTCHAD (Comité Misto). Financia a diferença positiva determinada pelo mecanismo e o pagamento anteriormente recebido pelos produtores. [240]Assim, a política do Governo do Chade para a fixação do preço do algodão ao produtor consiste em comprometer-se a financiar através de subvenções de equilíbrio concedidas à COTONTCHAD. Desde a campanha de 2001/2002, o montante total das subvenções concedidas pelo Estado à COTONTCHAD ascende a 73047 milhões de francos, dos quais cerca de 2/5 (28500 milhões) são descontos negativos. [241]As subvenções de equilíbrio têm igualmente em conta a parte do Estado nos custos de aproximação dos factores de produção, que, desde 2005/2006, ascendem a cerca de 5069 milhões de francos.

As subvenções estatais concedidas à COTONTCHAD assumem várias formas, consoante o ano. [242]A política agrícola adoptada desde 2001/2002 foi renovada no projeto de contrato de execução entre o Estado, a COTONCTHAD, o Institut Tchadienne de Recherche Agronomique pour le Développement (ITRAD) e o Office National de Développement Rural (ONDR). Este projeto de contrato, que deverá abranger o período compreendido entre as campanhas de comercialização de 2007/2008 e 2009/2010, contém outros compromissos

---

[237] Fauba Padache, 2010, *Étude du mécanisme de fixation du prix de coton graine au Tchad*, Bamako, Mali, p. 45.

[238] *Ibid.*

[239] Marca Tadin, 1983, p. 211.

[240] C. Araujo-Bonjan e J.F. Brun, 2000, "Are cotton price stabilisation policies in franc zone Africa doomed?". Versão revista de um documento apresentado na conferência *"Dynamique des prix et des marches de matières premières : analyse et prévision"*, http://www.agriculture.gouv.fr/spip/IMG/pdf/coton_-marche.pdf, acedido em 14 de julho de 2017

[241] Macra Tadin, 1983, "L'intervention de l'État dans le secteur cotonnier au Tchad", tese de doutoramento em Direito Público, Universidade de Toulouse, p. 98.

[242] *Ibid.*

governamentais relativos ao sector do algodão.

Embora o contrato esteja ainda em fase de projeto, o Estado aplicou algumas das suas cláusulas: a inscrição nos orçamentos de 2008, 2009 e 2010 de subvenções num montante total de 4 012 milhões de FCFA para o ONDR e de 1 827 milhões de FCFA para o ITRAD. O ONDR recebeu uma subvenção estatal de 600 milhões de francos CFA para cobrir as despesas de recrutamento de pessoal no terreno, a aquisição de veículos e as despesas de funcionamento. [243]No que se refere ao sector do algodão, foi assinado em 5 de fevereiro de 2009 um protocolo de acordo entre o ONDR e o COTONTCHAD, que tem por objetivo definir os termos da parceria entre as duas instituições para o acompanhamento das actividades de comercialização do algodão em caroço 2008/2009. [244]Existe também um acordo-quadro de parceria assinado em julho de 2009 entre o ITRAD e o COTONTCHAD, cujo objetivo é reforçar a parceria entre a investigação e a empresa algodoeira, formalizando o quadro de prestação de serviços e de conhecimentos especializados ao COTONTCHAD.

2) O mecanismo de fixação dos preços do algodão em caroço proposto pela SOFRECO

21

[245] Os mecanismos de fixação dos preços do algodão-semente propostos pela SOFRECO (Société Française de Réalisation d'Étude et de Conseil) baseiam-se nos três princípios seguintes, tendo em conta as dificuldades fundamentais em determinar um critério principal de fixação da remuneração do produtor em relação à dos outros operadores.

> [246]A remuneração de cada parceiro deve ser calculada de forma independente, de acordo com a lógica empresarial, como princípio de base mantido no Pacto de Acionistas. [247]A solução que consiste em agregar os resultados do sector e distribuir os lucros entre os principais intervenientes (produtores, empresa algodoeira e Estado) tem inconvenientes. A remuneração dos produtores deve ser calculada noutras bases, independentemente dos resultados do sector;

> O preço do algodão em caroço para o produtor deve ser calculado com base numa percentagem fixa do preço do sector na posição CIF. Esta percentagem é definida como a relação entre o preço de custo do produtor e o preço de custo total da fibra;

> Os preços de custo tidos em conta nos cálculos são preços de custo objectivos que podem ser alcançados a curto prazo com esforços realistas por parte dos interessados, e não preços de custo reais.

O preço de custo proposto como objetivo do produtor é o de um produtor que utiliza a fórmula de produtividade F2, incluindo 2 sacos de NPKSB e 1 saco de ureia por hectare, e uma cultura arada. No entanto, o preço de venda da fibra na posição CIF não corresponde ao preço médio das vendas da COTONTCHAD: a média aritmética do índice Cotton Outlook (Cotlook) A durante 7 meses, de janeiro a junho, correspondente ao período de venda da fibra pela COTONTCHAD. Consequentemente, a aplicação do mecanismo é condicionada pela existência de um desfasamento temporal entre o momento em que o preço é indicado aos produtores, em abril, antes da sementeira, e o momento em que os parâmetros de cálculo são conhecidos, em junho do ano seguinte. Este facto demonstra a variação cíclica dos preços mundiais da fibra de algodão e, por conseguinte, do preço de compra aos produtores, o que,

[243] C. Araujo-Bonjan e J.F. Brun, 2000, pp. 17-19.
[244] *Ibid*.
[245] Société Française de Réalisation, d'Étude et de Conseil (SOFRECO), 1996, "Étude d'un mécanisme pour la Détermination du prix d'Achat du coton graine aux producteurs", p. 56.
[246] *Ibid*.
[247] *Ibid*. p. 58.

em determinadas fases do ciclo, corre o risco de os afastar da cultura do algodão. [248]Para o efeito, SOFRECO propôs quatro soluções para a aplicação do mecanismo, duas das quais respondem melhor às expectativas do Comité de Reflexão e de Acompanhamento da Fileira do Algodão (CRSFC):

> Pagamento em duas fracções. O preço é calculado em duas fases: com base no preço de venda previsto para o sector e na tonelagem de algodão-semente, é calculada e anunciada aos produtores, antes da sementeira, a previsão do preço a pagar aos produtores no momento da comercialização; o preço final é calculado com base nos valores reais da campanha. Este segundo cálculo é utilizado para determinar a produção no final da campanha. Esta solução permite uma repartição equitativa do valor acrescentado entre os três principais intervenientes no sector, mas não prevê a eventualidade de uma descida dos preços;

> Pagamento em duas prestações, mas com limite máximo. À semelhança da solução anterior, esta diferencia-se pelo facto de a segunda prestação só ser paga na totalidade se estiver dentro de um intervalo de preços pré-determinado, de comum acordo com os produtores.

Caso contrário, o excedente é depositado numa conta de reserva. Se o preço for superior ao intervalo, será suportado pela reserva até ao limite das somas disponíveis ou inferior ao intervalo. Esta solução oferece muito mais vantagens do que a anterior, devido à sua capacidade de absorver variações acentuadas dos preços de compra ao produtor. [249]Permite igualmente à COTONTCHAD controlar melhor os seus custos de produção, uma vez que a rubrica "compra de algodão em caroço" representará uma percentagem que o princípio da reserva faz depender do apoio dos produtores.

Além disso, o aumento do mecanismo de compra de algodão-semente aos produtores não deve ser manipulado por nenhuma das partes, nem pela COTONTCHAD nem pelos produtores, e os riscos de baixa dos preços devem ser melhor repartidos entre os intervenientes a montante e a jusante. [250]No entanto, teoricamente, os produtores deveriam ser pagos com base nos parâmetros objectivos do preço de custo da COTONTCHAD e da sua política comercial.

C - Tendências do preço de compra do algodão em caroço de 1971 a 2016

Os preços de compra do algodão em caroço no Chade têm flutuado de ano para ano, em função dos preços do mercado mundial e do custo do transporte das fibras de algodão das zonas de cultivo para o porto de Douala (Camarões). No entanto, os preços de compra do algodão são fixados por um comité misto, com a intervenção do Estado através de subvenções entre as partes. Entre 1971/1972, o preço de compra do algodão em caroço foi fixado em 28 FCFA/kg, tendo passado para 43 FCFA/kg entre 1974/1975. Subiu depois gradualmente, atingindo 100 FCFA/kg em 1988/1989. Este preço foi reduzido para 90 FCFA/kg entre 1989/1990, onde permaneceu até 1993/1994. [251]Este preço, justificado pelo ano em que a CSPC foi dissolvida, aumentou para mais de 100 FCFA/kg na época de 1994/1996, para 120 FCFA/kg e 170 FCFA/kg em 1996/1997. [252]No âmbito do programa de ajustamento

[248] O CRSFC espera um mecanismo que inclua um preço mínimo quando o algodão em caroço é comercializado e um prémio subsequente que permita aos três parceiros do sector partilhar o valor acrescentado de forma justa, tendo em conta a evolução dos preços mundiais do algodão.

[249] C. Araujo-Bonjan e J. F. Brun, 2000, p. 24.

[250] *Ibid.*

[251] COTONTCHAD, 2000, Rapport des campagnes agricoles et commerciales, usine d'égrenage de Kou- mra, p. 8.

[252] Banco Mundial, 1998, Politiques cotonnières en Afrique francophone, problématiques (version préliminaire),

estrutural, foi introduzido um novo mecanismo de fixação dos preços em 1997, a pedido do Banco Mundial (BM). [253]Este mecanismo é determinado com base em 19,3% do preço médio mundial das fibras, medido pelo índice Cotlook A. Funcionou durante 14 campanhas de comercialização, de 1997/1998 a 2009/2010. No entanto, este mecanismo obriga a COTONTCHAD a pagar um diferencial de preço positivo aos produtores se o preço pago antecipadamente for inferior ao preço calculado. Caso contrário, a COTONTCHAD corre o risco de sofrer perdas. Este acordo foi assinado entre a comissão mista e o Estado ao abrigo do Despacho n.º 002/MICA/DG/01, de 9 de abril de 2001, que especifica a variação dos preços do algodão em caroço entre 150 e 194 FCFA/kg durante as 14 campanhas. Note-se que, em 2011, o mecanismo foi declarado obsoleto pelos principais intervenientes no sector. Desde então, o preço é fixado sem referência, frequentemente pelo Estado. [254]O Estado fixou o preço do algodão caroço em 215 FCFA/kg entre 2011/2012 e 2012/2013, e aumentou-o para 240 FCFA/kg nas épocas 2013/2014 e 2015/2016. O quadro seguinte mostra a evolução do preço de compra do algodão em caroço de 1971 a 2016.

Quadro 3: Variação dos preços de compra do algodão em caroço no Chade de 1971 a 2016

Anos	Preço (FCFA/Kg)	Anos	Preço (FCFA/Kg)
1971	28	1994	120
1972	29	1995	135
1973	31	1996	170
1974	41	1997	194
1975	75	1998	178
1976	45	1999	150
1977	50	2000	150
1978	50	2001	165
1979	50	2002	190
1980	50	2003	190
1981	60	2004	190
1982	70	2005	190
1983	80	2006	160
1984	100	2007	160
1985	100	2008	160
1986	100	2009	180
1987	100	2010	180
1988	100	2011	180
1989	90	2012	215
1990	100	2013	240
1991	90	2014	240
1993	90	2015	240
1994	90	2016	240

Fonte: COTONTCHAD-SN e Ministério da Agricultura do Chade.

Washington: Banco Mundial, p. 58.

253 E. Gerald, 2006, "Le marché mondial du coton : Évolution et perspectives", *in Cahiers Agricultures*, número 1, p. 19.

254 Entrevista com Pafing Chiakré, Koumra, 12 de junho de 2017

As tendências dos preços do algodão em caroço no Chade, entre 1971 e 2016, têm tido altos e baixos, reflectindo os vários factores que afectam os produtores de algodão durante a estação de crescimento. Estes factores incluem catástrofes naturais, variedades de sementes pobres, insumos agrícolas de má qualidade e o desencorajamento dos agricultores no sistema comercial. As razões para tal estão frequentemente relacionadas com o preço dos factores de produção e do equipamento agrícola.

1) Evolução dos preços dos factores de produção e do material agrícola

Os preços dos factores de produção são fixados pelo comité técnico e comunicados aos produtores no início do ano agrícola. São os mesmos para toda a zona de produção de algodão do Chade. Os preços dos factores de produção e do material agrícola são apresentados no quadro seguinte para o período de 1995 a 2016.

Quadro 4: Evolução dos preços dos factores de produção e do equipamento agrícola de 1995 a 2016

Anos	NPKSB Saco de 50 kg (F CFA)	Saco UREE 50 Kg (F CFA)	INSECTICIDA Dose 12,5 ml (F CFA)	BATERIA (F CFA)	PULVERIZADOR (F CFA)
1995/1996	13585	9000	1680	120	39525
1996/1997	17065	10775	1680	175	40215
1997/1998	18295	14975	1445	160	40215
1998/1999	16200	12340	1440	135	40215
1999/2000	14976	12340	1018	135	27851
2000/2001	13995	13423	1129	154	27851
2001/2002	14719	13702	983	135	27851
2002/2003	14370	13702	950	139	29694
2003/2004	14986	13120	983	149	29694
2004/2005	15028	13842	770	140	27500
2005/2006	14443	13666	844	140	27500
2006/2007	17023	16256	855	135	23541
2007/2008	15026	14779	855	135	23541
2008/2009	15026	14779	844	140	27500
2009/2010	15000	14000	850	100	23003
2010/2011	15000	14000	850	100	23003
2011/2012	15000	14000	850	100	23003
2012/2013	15000	14000	850	100	23003
2013/2014	16000	15000	900	100	25000
2014/2015	16000	15000	900	100	25000
2015/2016	16000	15000	900	100	25000
2016/2017	16000	15000	900	100	25000

Fonte: COTONTCHAD-SN, Departamento de Produção

2) Como os produtores adquirem factores de produção e cobram dívidas

O modo de aquisição dos factores de produção pode ser resumido da seguinte forma: a empresa algodoeira fornece os factores de produção (sementes, fertilizantes e insecticidas) aos produtores de algodão a crédito. [255]*A condição sine qua non* para que um produtor de algodão possa beneficiar destes factores de produção a crédito é pertencer a um agrupamento de garantia comum formado pelos agricultores, designado por associação de aldeia, representada pelos subgrupos. Estes últimos são organizações de base de produtores de algodão sob o controlo de um Agente Cotoniforme de Terreno (ACT). O COTONTCHAD é responsável pela entrega dos factores de produção aos produtores, mas se for impossível fazê-lo devido às más condições das estradas, ou se a necessidade expressa pelos produtores for de uma pequena quantidade, a VA em causa deve envidar todos os esforços para que as suas encomendas sejam transferidas. Uma vez instalados os factores de produção agrícola, as associações de aldeia procuraram estratégias para recuperar as dívidas ao COTONT-CHAD.

3) O método de cobrança de dívidas ou de reembolso de empréstimos

[256]O reembolso dos créditos concedidos aos produtores é efectuado quando o algodão-semente é comercializado. A empresa algodoeira retira diretamente o montante do crédito quando é pago o valor total do algodão-semente transportado pelo VA para a fábrica. Esta estratégia permite à empresa algodoeira evitar que certos produtores com baixa produção, que não podem cobrir o montante do crédito concedido, se recusem a reembolsar o seu crédito. Consequentemente, as regras de garantia de solidariedade prevalecem nas VA. Os produtores em situação deficitária em relação à sua organização em termos de reembolso dos empréstimos são obrigados a reembolsar ao agrupamento o valor do seu empréstimo coberto pela garantia de solidariedade. [257]A recusa de reembolso do empréstimo implicava a exclusão pura e simples destes produtores do agrupamento.

II - ORGANIZAÇÃO DE COTONTCHAD EM RELAÇÃO A A COMPRA E A TRANSFORMAÇÃO DE ALGODÃO EM CAROÇO

A organização da COTONTCHAD para a compra de algodão em caroço baseia-se na recolha do algodão nas VA, no transporte do algodão em caroço para a fábrica de descaroçamento, no transporte da fibra para o exterior após a transformação e na gestão dos co-produtos.

A - Compra de algodão em caroço pela COTONTCHAD

A organização da COTONTCHAD aguarda o momento certo para comprar o algodão em caroço às VAs, quer diretamente na caixa do poly ben, quer armazenando-o no centro de compras antes da chegada do camião para expedição. A fim de satisfazer as necessidades dos produtores em termos de qualidade do algodão para sementeira produzido, a organização concede crédito para factores de produção e equipamento agrícola às associações de produtores. Importa referir que o transporte desempenha um papel importante na recolha do algodão-semente, que merece ser analisado.

1) Transporte de algodão em caroço por COTONTCHAD para a instalação de descaroçamento

[258]A atividade comercial do algodão em caroço deve seguir um processo de acumulação em que a COTONTCHAD deve "colocar os factores de produção e depois transportar o algodão da origem para a fábrica de descaroçamento". À chegada à fábrica, o camião deve passar pela báscula para pesar e verificar a classificação do algodão em caroço antes da transformação.

---

[255] COTONTCHAD-SN, 2008-2009, Rapport d'activités de production et commerciale, p. 6.
[256] *Ibid*, p. 9
[257] Entrevista com Mbang Adoumbe, Nderguigui, 21 de junho de 2017
[258] Entrevista com Deouyo, Koumra, 16 de junho de 2017

Por conseguinte, o algodão em caroço é pesado na fábrica de descaroçamento a dois níveis: pesagem simples à entrada da fábrica e dupla pesagem após a descarga.

Para a pesagem simples, os parâmetros são conhecidos pelos veículos e contentores e armazenados previamente no computador. Esta pesagem fornece automaticamente o peso líquido do algodão em caroço. Estão disponíveis bilhetes de referência que indicam o peso líquido, o peso bruto e a tara. A fábrica da COTONTCHAD em Koumra não dispõe de camiões suficientes para o transbordo.

A pesagem dos veículos particulares é efectuada da mesma forma que a dos veículos COTONTCHAD. A pesagem dos veículos privados é efectuada da mesma forma que a dos veículos da COTONTCHAD. A pesagem na báscula antes da entrada na fábrica indica o peso bruto do algodão em caroço e a pesagem à saída da fábrica indica a tara do veículo. [259]O peso líquido do algodão em caroço pesado é obtido por diferença: N = B - T .

A impressora apresenta os resultados da pesagem (bilhetes). Em seguida, dois ecrãs comunicam simultaneamente os resultados da pesagem aos operadores na sala de informática e aos representantes da VA na sala de espera. [260]A partir deste momento, confirmou-se a transparência da pesagem na fábrica de descaroçamento, uma vez que muitos transportadores desconfiavam dos operadores da báscula por não estarem familiarizados com a programação informática da pesagem do algodão em caroço.

Além disso, aquando da emissão do talão de pesagem, este tem em conta o conteúdo do talão de transporte que o condutor deve ter na mão e que diz respeito ao cupão de combustível ou de lubrificante. Este último tem igualmente em conta a quilometragem percorrida (os contadores de partida e de chegada do veículo) e o consumo de combustível com base na quantidade à chegada comparada com a quantidade à partida, a fim de determinar o consumo total por quilómetro. [261]Este exercício inclui o código de pesagem, a entrada de material, o código do veículo e a identidade do condutor. Após as fases de transporte e de pesagem, o algodão em caroço deve ser objeto de um controlo de classificação e colocado no alimentador para ser transferido para o descaroçador.

2) Produção de fibras de algodão enfardadas

O descaroçamento do algodão em caroço permite separar o caroço do algodão da fibra e, ao mesmo tempo, separar os resíduos de algodão. O descaroçamento é a principal atividade da COTONTCHAD.

O algodão é transportado para uma calha triangular invertida que contém uma haste equipada com lâminas helicoidais que empurram o produto para o descaroçador. Os descaroçadores estão equipados com serras, escovas e pinos colocados numa corrente. Este trabalho em cadeia é efectuado por meio de correias ligadas a roldanas, o que permite movimentar as escovas e as serras, que estão fixas aos cilindros no interior dos descaroçadores, à saída do mecanismo da castanha, de onde o produto se separa em duas partes: as sementes de um lado e as fibras do outro. [262]Se o algodão tiver de ser descaroçado em excesso e a máquina de descaroçar se atrasar, o excedente é transferido para uma câmara de reserva e o produto é novamente aspirado para ser descaroçado.

O descaroçador está equipado com janelas que contêm raspadores para remover as impurezas e varetas para remover a sujidade. A fibra aspirada é depois humedecida pelo vapor e o condensador condensa-o. Neste caso, o vapor é produzido pelo fogo que se segue à queima do óleo e é empurrado por uma ventoinha de alta pressão para a caixa de onde é retirada a fibra

[259] Entrevista com Deouyo, Koumra, 16 de junho de 2017

[260] Entrevista com Deouyo, Koumra, 16 de junho de 2017

[261] Wawe Haroun, 2015, "Pratique de contrôle budgétaire, COTONTCHAD-SN", tese de mestrado profissional, Universidade de Ngaoundéré, p. 67.

Entrevista com Djimtolabaye, Koumra, 14 de junho de 2017

seca para a humedecer. No entanto, o circuito do algodão que alimenta as máquinas deve estar em harmonia com o sistema de enfardamento. [263]De facto, trata-se de um "trabalho que exige rapidez por parte do pessoal para evitar acidentes, sobretudo na preparação dos fardos de fibra de algodão no interior da máquina até à sua retirada". O acondicionamento é a fase final do tratamento do algodão na fábrica de descaroçamento.

Foto 5: Descaroçamento de algodão em Koumra.

Fonte : cliché Djerabe, 14-06-2017

O descaroçador de algodão separa o algodão em caroço da fibra para produzir um produto acabado destinado à exportação.

[264]O sistema de acondicionamento é composto por um condensador geral, uma "calha para fibras de algodão, um alimentador de fibras de algodão, um tamper, uma enfardadeira, sistemas para atar e cobrir os fardos e sistemas de transporte de fardos". A enfardadeira é constituída por uma estrutura, um ou mais cilindros hidráulicos e um circuito hidráulico. Os subsistemas de cintagem podem ser totalmente manuais, devido à sua posição semi-automática, ou totalmente automatizados. Os atilhos de embalagem são geralmente varas de aço ou cintas planas de aço ou de plástico. [265]Seis a dez laços são normalmente colocados ao longo do comprimento do fardo, embora seja por vezes utilizado um "laço contínuo em espiral". Quando o fardo sai da enfardadeira, a pressão exercida sobre os atadores depende da uniformidade da distribuição das fibras, do peso do fardo, das suas dimensões, da densidade a que o fardo foi prensado, do teor de humidade, do comprimento dos atadores e de outros factores. Os atados devem ser adaptados à enfardadeira para evitar contaminações e problemas de manuseamento. Para evitar a deterioração da fibra no fardo, o teor de humidade do algodão no fardo não deve exceder 7,5% em nenhum ponto. [266]A fibra deteriora-se consideravelmente mais com o aumento do teor de humidade, particularmente acima de 9%. Os fardos devem ser completamente cobertos, incluindo as aberturas feitas para a recolha de amostras, e a cobertura dos fardos deve estar limpa, em bom estado e ser suficientemente

---

Entrevista com Djimtolabaye, Koumra, 14 de junho de 2017

[264] Entrevista com Djimtolabaye, Koumra, 14 de junho de 2017

[265] Entrevista com Ngaryedji, Koumra, 14 de junho de 2017

[266] Entrevista com Djimtolabaye, Koumra, 14 de junho de 2017

forte para proteger corretamente o algodão. No caso de armazenamento ao ar livre, a embalagem deve conter inibidores de raios ultravioleta, consoante a duração prevista do armazenamento. O quadro seguinte ilustra a quantidade de fibra de algodão produzida pela fábrica de descaroçamento de Koumra.

Quadro 5: Produção de fibra de algodão em toneladas, 1970-2016.

Produção	Toneladas
1970/1980	27000
1980/1985	42127
1985/1990	77856
1990/1998	94000
1998/2005	12900
2005/2010	33700
2010/2016	98000

Fonte: COTNTCHAD-SN, Departamento de Produção

Este quadro mostra a evolução da produção de fibras de algodão em função do ano de colheita. A tendência desta produção deve-se a circunstâncias diferentes, dependendo da motivação dos produtores de algodão em caroço, que tem uma influência direta nas toneladas de fibras de algodão durante a transformação. Esta situação pode também ser explicada pelos fenómenos acima referidos.

Foto 6: Preparação do fardo de algodão na máquina e sua remoção.

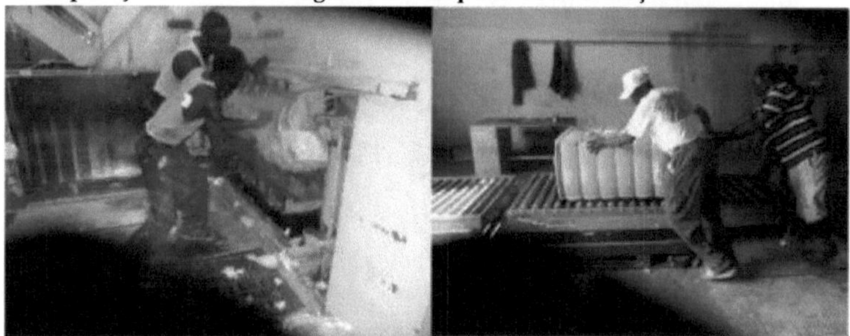

Fonte : Cliché Beyenan Ngarasndi, 14-06-2017

Os fardos produzidos são pesados, numerados e objeto de amostragem. [267]O departamento de produção de fibras de algodão estimou o tempo necessário para que o fardo saia da máquina em cerca de 4, 5 e 6 minutos. [268]Recorde-se que existem várias qualidades diferentes de fibra de algodão, cujas marcas rotuladas dão os seguintes índices: 34,50; 32,50; 30,60; 36,50, bem como os seus pesos, que variam entre 224 kg, 234 kg, 243 kg, 250 kg e 265 kg . O peso da fibra de algodão depende da sementeira antecipada ou tardia, bem como da variedade da semente. A numeração dos fardos de algodão em pluma e das amostras determina, por conseguinte, as qualidades e os preços mundiais.

3) Transporte da fibra de algodão para o exterior

O transporte das fibras de algodão segue quase o mesmo procedimento que o do algodão em

[267] Entrevista com Adamou, Koumra, 14 de junho de 2017
[268] Entrevista com Marmai, Koumra, 14 de junho de 2017

caroço, devendo a qualidade das fibras de algodão ser controlada por meio de amostras. [269]Uma vez carregados os fardos, o veículo deve ser pesado na báscula antes de ser transportado por estrada, via Ngaoundéré, até ao porto de Douala (Camarões). Os fardos de fibras de algodão são transportados por camiões e veículos privados da COTONTCHAD-SN. A este respeito, os preços de transporte da COTONTCHAD-SN e os do sector privado diferem consideravelmente em termos de distância percorrida. Deste modo, dados como o custo dos transportes fornecem algumas indicações sobre as dificuldades das vias de transporte no Chade. É difícil propor um indicador sintético representativo do nível dos preços de transporte das fibras de algodão no sul do Chade, e mais particularmente na região de Mandoul Oriental. [270]O custo elevado do transporte deve-se a várias razões: a longa distância, o custo elevado do combustível em qualquer altura e os encargos rodoviários, que consistem principalmente em taxas cobradas por todos os agentes aduaneiros e policiais.

Foto 7: Armazenamento e carregamento de fardos de fibras de algodão, fábrica de Koumra.

Fonte: fotografia de Beyenan Ngarasndi, 14-06-2017

Os fardos de fibra de algodão carregados devem ser comercializados no exterior. A fibra de algodão de má qualidade é vendida no país para o fabrico de colchões e as sementes separadas da fibra são trituradas e enviadas para a Huilerie et Savonnerie (HS) em Moundou. [271]A fábrica de descaroçamento de Koumra utiliza o algodão em casca como lenha após o descasque. Esta produz o vapor que faz girar a turbina, fornecendo a energia eléctrica que alimenta os diferentes serviços da empresa. A partir daí, os subprodutos são avaliados em função da capacidade diária de descaroçamento e durante uma campanha de obtenção de tonelagem. [272]Geralmente, a oficina de descasque avalia 70 a 80 toneladas de sementes de algodão por dia. A produção de óleo e de bagaço de algodão deve, por conseguinte, ser analisada.

4) Produção de óleos e bagaços

A produção de óleo e de bagaço é o resultado da quantidade de sementes de algodão produzidas anualmente. Essa produção não evoluiu da mesma forma desde a criação da fábrica de óleo e sabão em parceria com a COTONTCHAD. O quadro abaixo mostra as toneladas de óleo e bagaço produzidas de 2000 a 2016.

Quadro 6: Produção de óleos e bagaços em toneladas

[269] Entrevista com Telembaye, Koumra, 13 de junho de 2017
[270] Entrevista com Telembaye, Koumra, 13 de junho de 2017
[271] Entrevista com Vaitchiou Vaibra, Koumra, 20 de junho de 2017
[272] Entrevista com Vaitchiou Vaibra, Koumra, 20 de junho de 2017

Campanhas	Óleo de semente de algodão neutro				Óleo refinado		Bolo de óleo em toneladas
	bidões de 200 litros		Latas de 20 litros		tonelada	Cartão 15 litros	
	(toneladas)	Número Futs	(toneladas)	Latas			
2000/2001	3695	20005			1176	121984	16936
2001/2002	6648	36442			2377	199037	24119
2002/2003	5524	30174			1731	126436	25794
2003/2004	3869	21144			830	60607	18448
2004/2005	1736	9515			250	9693	12682
2005/2006	1474	8052	1290	70450	37	1391	14603
2006/2007	2376	13025	1121	61461	24	1225	15112
2007/2008	1602	8781	858	47025	475	34221	10191
2008/2009	1003	5500	3554	194780	257	15713	12777
2009/2010	9785	4767	5462	19397	353	18987	11963
2010/1011	8857	3879	4981	27123	482	20627	14893
2011/2012	6998	4983	5927	3440	636	21284	13987
2012/2013	3987	5623	6128	2319	534	20123	13624
2013/2014	4225	3920	5810	1980	576	1996	12975
2014/2015	3194	2975	4914	2123	595	1897	1368
2015/2016	5220	2730	4168	2787	476	20133	15265
2016/2017	5724	3762	3947	3811	439	19217	15142

Fonte: Divisão de Óleos e Sabões (DHS).

a) Gestão do óleo e do bagaço de algodão

O mercado do óleo e do bagaço de algodão é gerido pela Diretion de l'Huilerie Savonnerie (DHS) do COTONTCHAD-SN, que é o único produtor de óleo de algodão e de bagaço de algodão no mercado chadiano. Os óleos produzidos são: óleo neutro, embalado em bidões, e óleo refinado, embalado em garrafas de plástico de um litro. O bagaço de algodão é embalado em sacos de 70 kg. A oferta de óleo de semente de algodão depende das necessidades das famílias, mas não satisfaz efetivamente a procura.

> Oferta de óleo de algodão: as quantidades de óleo de algodão produzidas dependem diretamente das variações da produção de algodão em caroço, que não é estável e tem vindo a diminuir regularmente desde há vários anos. A produção de óleo de algodão neutro pelo DHS passou de 7 268 toneladas em 2000/01 para 4 660 toneladas em 2008/09, o que representa uma quebra de cerca de 40%. A produção média anual das últimas nove campanhas é de 5 644 toneladas. [273]A produção de óleo refinado passou de 1 176 toneladas em 2000/01 para 257 toneladas em 2008/09, o que representa uma quebra de 78% . Esta produção média anual de óleo de semente de algodão corresponde a cerca de 5 milhões de litros, contra uma capacidade teórica de 18 milhões de litros por ano. É claramente insuficiente para satisfazer a procura interna. A oferta de óleo é limitada pelo desempenho da ferramenta de produção e pela dependência das fontes de abastecimento de matérias-primas (algodão de caroço

[273] Diretion Huilerie Savonnerie, 2009, Relatório de atividade de produção, p. 13.

COTONTCHAD-SN).

> Fornecimento de bagaço de algodão: A DHS é a única entidade industrial que produz bagaço de algodão no Chade. O segundo maior produtor de bagaço de algodão da sub-região são os lagares SODECOTON em Garoua e Maroua, nos Camarões. No entanto, o bagaço de algodão de Garoua é misturado com cascas e é, por conseguinte, menos rico em proteínas do que o do Chade.

A produção anual de farinhas variou entre 12 682 toneladas em 2004/05 e 25 794 toneladas em 2002/03. [274]Entre 2000/01 e 2008/09, a produção média anual foi inferior a 17 000 toneladas, contra cerca de 33 000 toneladas entre 1996/97 e 1998/99. Esta diminuição da oferta de farinhas está ligada à diminuição da quantidade de sementes trituradas. O estudo da oferta de óleo e de bagaço permite-nos analisar a sua procura no mercado.

b) Análise da procura no mercado de óleo e bagaço de algodão

[275]De acordo com o estudo de viabilidade para a autonomização da Diretion Huilerie Savonnerie (DHS), a procura mundial de azeite aumentou no final da década de 1990. A atividade de esmagamento registou igualmente um forte aumento, mas a produção de algodão diminuiu devido ao declínio da produção de sementes. O caroço de algodão é também prejudicado pelo seu baixo teor de ácidos gordos (rendimento médio de 18%), ao contrário dos seus concorrentes com elevado teor. [276]A África tem um grande défice de petróleo e depende das importações para compensar o défice. Prevê-se igualmente que o mercado de bagaço de oleaginosas cresça durante a campanha de comercialização de 1998/99. [277]Estas tendências são apoiadas pelos termos de referência do presente estudo no que se refere ao crescimento previsto da procura de óleo e de bagaço no Chade e nos países vizinhos. Por conseguinte, é importante avaliar as necessidades de óleo de algodão a nível interno.

c) Procura de óleo de algodão no Chade

Calcula-se que sejam consumidos milhões de litros de petróleo todos os dias e todos os anos. No entanto, o escoamento comercial do azeite não se limita apenas ao Chade, mas estende-se a dois países vizinhos: os Camarões e a República Centro-Africana. [278]As vendas de exportação dos co-produtos não são efectuadas diretamente pela COTONTCHAD ou pela Diretion Huilerie Savonnerie (DHS), mas sim pelos clientes chadianos desta última, nomeadamente os de Moundou. [279]A procura de azeite é orientada pelas seguintes caraterísticas: a reputação dos azeites; os hábitos de compra; os hábitos de utilização; as qualidades procuradas e a imagem dos principais produtos. Estas caraterísticas foram determinadas no decurso de reuniões de grupo com donas de casa organizadas em N'Djaména, Moundou, Doba, Koumra, Sarh e Abé-ché pelo ICEA aquando do seu diagnóstico da estratégia comercial da Diretion de l'Huilerie Savonnerie (DHS) em 1991.

Em termos de reputação, o óleo de algodão é bem conhecido pelas famílias, que dão a cada tipo de óleo um nome específico. O óleo refinado acondicionado em garrafas de um litro é chamado "de primeira qualidade", muito procurado pelas famílias, e o óleo neutro acondicionado em bidões mais vermelhos e perfumados é chamado "de segunda qualidade",

---

[274] E. Mbainaissem, 2013, p.103.
[275] P. Texier, 1994, "Huile de coton en Afrique, une industrie récente, coton et Développement", pp. 1117.
[276] *Ibid.*
[277] *Ibid.*
[278] Diretion Huilerie Savonnerie, 2016-2017, Rapport d'activités commerciales Moundou (Tchad), p. 7.
[279] *Ibid.*

pouco apreciado devido às suas consequências negativas. [280]Além disso, o óleo de amendoim, de karité e de sésamo, produzido endogenamente, é denominado "artesanal", contribuindo para a autossuficiência alimentar e competindo no mercado com o óleo de algodão. No entanto, o óleo é comprado pelas donas de casa a retalho, em quantidades que raramente excedem 1/3 de litro e estimadas em 250 ml, em média, por compra. Com base no preço médio de um litro de óleo no mercado, isto corresponde a uma despesa diária de cerca de 150 FCFA por agregado familiar, com base no preço ponderado para a época 2007/08. [281]Os hábitos de utilização variam em função dos pratos específicos preparados pelas donas de casa. Consequentemente, as qualidades do óleo procuradas são as medidas pela clareza, leveza, sabor favorável, ausência de odor e ausência de espuma quando cozinhado. O óleo de semente de algodão e os óleos concorrentes apresentam as seguintes caraterísticas

- Óleo de semente de algodão neutro: os seus pontos fortes são o preço acessível, a cor e a embalagem em tambor, que facilita o transporte e a entrega em zonas remotas. No entanto, tem um odor desagradável e a sua utilização limita-se a fritos e alimentos fritos, para os quais proporciona uma boa coloração e devido à sua lenta taxa de evaporação;
- Óleo de semente de algodão refinado: os seus pontos fortes são a cor, o cheiro e a reputação. Mas é um produto sazonal com um preço elevado e a sua embalagem em garrafas de plástico de um litro numa caixa de cartão não é adequada;
- Óleo de amendoim: o seu ponto forte é o bom sabor e a cor amarela viva. É utilizado para preparar molhos, mas não dá cor suficiente aos bolinhos fritos. [282]De acordo com os funcionários do DHS, a produção em pequena escala não permite a secagem do óleo, o que leva a uma rápida deterioração da qualidade.

d) Operadores dos mercados do óleo e do bagaço

O óleo de semente de algodão é vendido a grossistas, retalhistas e consumidores (famílias). Os clientes das refeições incluem também grossistas, criadores de gado e agro-criadores. Estes grossistas estão localizados nas seguintes cidades: [283]Moundou, N'Djaména, Sarh, Koumra, Doba e outras cidades do Chade. Em N'Djaména, os grossistas são menos numerosos do que em Moundou, que tende a concentrar a maior parte das vendas. [284]As vendas para exportação são principalmente efectuadas por comerciantes de Moundou, que tiram partido da sua proximidade com a RCA. Um grande número de clientes não são comerciantes, mas sim particulares de Moundou ou de outros locais, que obtêm quantidades superiores às necessidades individuais. Estes últimos não pagam os mesmos impostos que os comerciantes, o que constitui uma concorrência desleal. [285]Consequentemente, os clientes são desencorajados pela obrigação de comprar produtos DHS a não-comerciantes influentes que têm um acesso mais fácil às autorizações de compra. Estas autorizações, embora obtidas em nome dos comerciantes, são-lhes frequentemente vendidas com uma margem substancial.

No entanto, as entregas de óleo estão sujeitas a uma quota atribuída aos clientes pelos gestores dos lagares de azeite. [286]A atribuição de quotas para os produtos acabados DHS é muito sensível, uma vez que o princípio nem sempre é aplicado de forma racional e exige um

[280] F. Padacke, 2010, pp. 78-83.
[281] *Ibid.*
[282] Diretion Huilerie Savonnerie, 2015, Rapport d'activités commerciales, Moundou (Chade), p. 17.
[283] Diretion Huilerie Savonnerie, 2012, Rapport d'activités de la production et de la commercialisation, p. 25.
[284] *Ibid.*
[285] *Ibid.* p. 27.
[286] Tableau de Bord de la COTONTCHAD-SN sur les activités de la production et de la commercialisation, pp. 19-23.

elevado nível de envolvimento dos gestores do DHS. As quotas dos grossistas foram atribuídas em conformidade com a Decisão n.º 002/2008/DG/DHS relativa à comercialização de produtos acabados DHS. [287]Em conformidade com esta decisão, foi criada uma comissão no âmbito do COTONTCHAD-SN, pela Decisão n.º 001/DAMG/DG/2008, de 22 de outubro de 2008, para examinar os pedidos de aprovação de comerciantes de DHS. [288]A Decisão n.º 002 estipula que a aprovação dos clientes é da exclusiva responsabilidade da Direção-Geral da COTONTCHAD-SN, após análise dos processos pela comissão. Serão atribuídas quotas trimestrais e as quotas não recolhidas num prazo não superior a uma semana serão atribuídas a outros clientes aprovados. As mercadorias devem ser recolhidas nas seguintes fases:

- Pré-pagamento pelo grossista para a conta bancária do lagar de azeite do montante da autorização de compra concedida pela DHS no passado e atualmente pela Direção-Geral da COTONTCHAD-NS;
- Faturação pela DG após receção do aviso de crédito do banco ou do cheque visado;
- [289]Por último, o produto é recolhido pelo grossista após a obtenção da autorização da DG.

Não se sabe qual é o limiar de tolerância dos consumidores em relação ao azeite, mas parece que a elasticidade-preço das vendas pode ainda manter-se positiva, como o demonstra a política comercial dos grossistas no início da estação das chuvas. Estes armazenam grandes volumes de petróleo a partir de março e abril. A retirada tem lugar no auge da estação das chuvas, permitindo aos grossistas quase duplicar os seus preços. [290]Os preços do petróleo ao nível do DHS são fixados por um comité composto por alguns dos principais serviços do COTONTCHAD-SN; periodicamente, é publicada uma tabela de preços elaborada com base nas propostas do comité.

Em suma, a comercialização do algodão exige uma organização entre os intervenientes para assegurar o bom funcionamento do mercado. Esta organização deve basear-se em acordos de abertura do mercado após a colheita do algodão pelos produtores. A comercialização do algodão segue quase o mesmo processo que a produção, em função dos sistemas de armazenagem, seleção, pesagem e pagamento. Esta área tem em conta a cobrança de dívidas nas associações de aldeia em causa no COTONT-CHAD-SN. Os preços a que o algodão em caroço é comprado aos produtores são os mesmos em todas as zonas algodoeiras do Chade ao longo de um ano agrícola. A evolução destes preços varia consoante o ano de colheita e as qualidades do algodão em caroço após a avaliação do COTONTCHAD-SN. Existem três qualidades de algodão em caroço: primeira escolha, segunda escolha e terceira escolha. A primeira escolha tem um preço elevado, a segunda um preço médio e a terceira um preço baixo.

No entanto, a COTONTCHAD-SN recolhe o algodão em caroço junto dos produtores e transporta-o para a fábrica de descaroçamento para ser transformado num produto acabado. Em seguida, exporta a fibra para os mercados mundiais, enquanto os subprodutos são vendidos nos mercados nacionais para consumo doméstico, alimentação animal e fertilização dos solos.

---

[287] *Ibid.*
[288] F. Padake, 2010, p. 98.
[289] E. Mbainaissem, 2013, p. 142.
[290] *Ibid.*

IMPACTO SOCIOECONÓMICO DA PRODUÇÃO E COMERCIALIZAÇÃO DO ALGODÃO NA REGIÃO DE MANDOUL ORIENTAL

Este capítulo analisa os pontos fortes e fracos da produção e comercialização do algodão na região de Mandoul Oriental. No entanto, a introdução da cultura do algodão no Chade em geral, e nesta região em particular, foi expandida com sucesso pelos administradores coloniais a nível económico, social e político. A produção de algodão ocupou uma grande parte do sul do Chade, da qual mais de três milhões de pessoas dependem direta ou indiretamente para o seu rendimento. É isto que faz o "sul útil do Chade". O algodão representava uma parte significativa das receitas de exportação desta região antes da era do petróleo, com a criação de nove fábricas de descaroçamento de algodão. Por conseguinte, o sector desempenha um papel inegável no desenvolvimento socioeconómico e político do Chade, nomeadamente na região de Mandoul Oriental, que é objeto do presente capítulo.

I - O IMPACTO POSITIVO DA PRODUÇÃO DE ALGODÃO NA REGIÃO DE MANDOUL ORIENTAL

Como já foi referido, a produção de algodão no Chade tem sido um fator importante de desenvolvimento socioeconómico e político, tanto a nível nacional como local.

A - Impacto social

O impacto social da cultura do algodão permitiu-nos analisar o ambiente da comunidade local, ou seja, a melhoria das condições de vida da população rural numa perspetiva ocidental.

1) Melhoria das condições de vida da população de Mandoul Oriental

[291]Ao estudar a trajetória evolutiva dos agricultores, é possível classificá-los em subgrupos mais ou menos homogéneos. A pertença de um agricultor a um subgrupo tem uma certa estabilidade ao longo do tempo. Tendo em conta o objetivo do estudo, a tipologia proposta não é exaustiva, mas ajuda a compreender como os agricultores em questão evoluíram ao longo do tempo para se tornarem o que são no momento dos inquéritos.

Foram privilegiados dois critérios relativamente simples e facilmente observáveis: a cultura principal, por um lado, e a especialização técnica, por outro. Desde o período colonial, a cultura do algodão tem vindo a agravar progressivamente a diferenciação entre os agricultores. Os princípios de harmonia e solidariedade comunais que nivelavam as diferenças de baixo para cima estão a desaparecer. Com o tempo, o carácter forçado ou coercivo da cultura do algodão é cada vez mais esquecido, dando lugar à sua adoção voluntária. Isto aumenta a importância técnica e económica do algodão nas decisões individuais dos gestores agrícolas e no novo sistema de paisagem agrária. Na aldeia tradicional da região de Man doul Oriental, as cabanas são frequentemente

[292]O teto é feito de palha, as paredes de taipa e o interior é rebocado com barro misturado com estrume de vaca" . [293]Hoje em dia, no entanto, é a forma "retangular" que predomina, com os telhados cada vez mais feitos de chapas de ferro ondulado, as paredes cada vez mais de tijolos de cimento, o chão

[291] J. Chappelle, 1980, *Les peuples tchadiens, ses racines et sa vie quotidienne,* Paris, L'Harmattan, p. 102.
[292] Entrevista com Yengar André, Koumra, 20 de junho de 2017
[293] Entrevista com Yengar André, Koumra, 20 de junho de 2017

interior rebocado com cimento e as paredes por vezes pintadas com tinta industrial .

De certa forma, a casa de chapa é um sinal exterior de riqueza aos olhos do camponês. Os camponeses preferem as casas de tijolo e de lata pela sua durabilidade e solidez, pelo seu conforto e pelo prestígio social que proporcionam. O número de casas de tijolo e de lata aumenta com a importância da cultura do algodão no sistema. Por conseguinte, pode afirmar-se que a cultura do algodão contribui de forma notável para a melhoria da habitação rural. Embora o rendimento do algodão reverta a favor do homem, a mulher beneficia dos efeitos da modernização do sistema de produção do algodão, apesar de o seu trabalho na exploração agrícola se ter tornado relativamente mais importante do que o do homem, nomeadamente na presença da mecanização. Há três factos que se destacam claramente:

[294]A primeira, e mais importante, diz respeito à redução da "penosidade do trabalho das mulheres, tanto no campo como no lar". Comparamos a situação atual das mulheres com a que prevalecia quando a cultura do algodão era ainda marginal nos sistemas de produção, como era o caso em 1960. A lavoura tende a ser efectuada pelos homens e a monda pelas mulheres tornou-se menos árdua. [295]A lavoura reduz "a cobertura de ervas daninhas, mas o solo também é menos duro quando se monda, o que torna o trabalho relativamente mais rápido e menos cansativo".

A utilização de herbicidas reduz o tempo e o esforço necessários para a monda manual das parcelas de algodão e, especialmente, das parcelas de cereais (arroz, milho, painço, sorgo), onde as plantas jovens se assemelham, por vezes, a certas gramíneas indesejáveis e, por conseguinte, precisam de ser mondadas.

Uma desvantagem que surge frequentemente é o facto de o trabalho de colheita, que é realizado principalmente pelas mulheres, ser cada vez mais demorado devido ao aumento da dimensão das parcelas nos sistemas baseados no algodão. O trabalho doméstico está também a tornar-se menos árduo. Os cereais são os principais géneros alimentícios consumidos pelos agricultores, mesmo aqueles que preferem cultivar inhame. [296]Os pratos mais populares à base de cereais envolvem o descasque do painço e, por vezes, a moagem dos grãos em farinha.

Durante muito tempo, a descasca e a trituração foram efectuadas manualmente pelas mulheres, utilizando equipamentos locais (almofariz, pilão e pedra de triturar). Estas operações exigiam muito tempo, esforço físico e conhecimentos. No entanto, desde a introdução da cultura do algodão, estas operações são cada vez mais efectuadas por máquinas de descasque semi-artesanais, em troca de um pagamento relativamente fácil na sequência do aumento dos rendimentos. Além disso, as mulheres são atualmente responsáveis pela recolha de água. Isto era feito principalmente nos pontos de água mais próximos da aldeia, de 100 m a 500 m ou mais, consoante o caso. Transportar a água para a aldeia, em contentores muitas vezes feitos de "barro", por caminhos com declives por vezes escorregadios, ainda não era uma tarefa fácil para as mulheres. [297]A tarefa diária de ir buscar água tornou-se cada vez menos árdua com o aparecimento de poços nas aldeias". Embora estes poços tenham sido por vezes escavados no âmbito de programas financiados pelo governo, a sua manutenção depende da sensibilização e do financiamento da população local. [298]Na região de Mandoul, mais de 150 furos estão a funcionar graças ao rendimento do algodão. A lenha era

[294] Entrevista com Angeline Mounmotoi, Bessada, 18 de junho de 2017

[295] Entrevista com Ngar-idjimte, Bessada, 18 de junho de 2017

[296] Entrevista com Angeline Mounmotoi, Bessada, 18 de junho de 2017

[297] Entrevista com Ramadi Céline, Koumra, 21 de junho de 2017

[298] B. Verardo et al. 2004, "Analyse de l'impact social et de la pauvreté Réforme du secteur coton au Tchad-Analyse qualitative ex-ante- Première phase", pp. 47-49.

transportada principalmente pelas mulheres. Este trabalho é cada vez mais efectuado por carroças de gado, em distâncias que se tornaram mais longas devido ao aumento da procura na sequência do crescimento demográfico. A carroça permite que as mulheres acumulem maiores reservas de lenha.

[299]O segundo facto diz respeito ao tempo que as mulheres rurais poupam, graças, nomeadamente, à mecanização, em comparação com as mulheres dos sistemas agrícolas manuais. É verdade que, com a mecanização, o volume global do trabalho das mulheres aumentou em relação ao dos homens, mas, em comparação com a situação das mulheres em sistemas não mecanizados, certas operações são efectuadas mais rapidamente e mais facilmente, graças à melhoria dos meios de transporte (bicicleta, motocicleta, carroça) e ao aumento dos rendimentos.

[300]O tempo poupado permite que algumas mulheres participem em sessões de informação e formação sobre autodeterminação; outras são membros de associações com fins lucrativos, como as produtoras de sabão de carité e as horticultoras, como as da aldeia de Koko, 15 quilómetros a oeste de Koumra. Outras mulheres agricultoras participam em sessões de formação e informação sobre doenças sexualmente transmissíveis, incluindo o VIH/SIDA.

O terceiro facto diz respeito ao aumento do rendimento das mulheres agricultoras. Embora o rendimento da cultura do algodão seja gerido pelo homem, as mulheres entrevistadas reconhecem que recebem uma parte substancial do mesmo, mesmo que por vezes o façam por insistência. [301]Algumas mulheres conseguiram que os seus maridos lhes confiassem o rendimento do algodão, e desempenham o papel de guardiãs. Além disso, a prática de cultivar amendoins antes do algodão ou na rotação normal levou a um aumento da área cultivada com amendoins. Isto levou a um aumento da produção de amendoim e a um aumento do rendimento das mulheres, uma vez que são elas que gerem a cultura.

No entanto, sem termos aprofundado a questão do lugar das mulheres agricultoras na exploração agrícola, podemos constatar que elas estão a tornar-se cada vez mais importantes na procura da emancipação e da autodeterminação. Assim, mesmo que a cultura do algodão tenha conduzido a um aumento do trabalho das mulheres em relação ao dos homens na exploração agrícola, há que admitir que, graças à cultura do algodão, a situação das mulheres nas aldeias estudadas melhorou relativamente em relação à década de 1960.

2) Criação de escolas e centros de saúde

a) A criação de escolas

[302]A administração colonial tinha introduzido o ensino ocidental nas zonas algodoeiras para formar agentes no funcionamento dos mercados de algodão em caroço e no sistema agrícola. É por isso que existem escolas nas principais cidades do Chade e nas províncias. [303]Em Koumra (capital de Mandoul Oriental), contámos nove (09) centros de ensino primário, incluindo três (03) centros de ensino islâmico.

Estas escolas foram criadas na sequência da introdução da cultura do algodão na região e funcionam atualmente graças às contribuições dos produtores de algodão e à ajuda do Governo do Chade. Segundo os pais das aldeias, os lucros do algodão permitiram-nos inscrever as crianças na escola e

---

[299] Mesa Redonda IV de Genebra, 1999, Reunião setorial sobre o desenvolvimento rural. Diagnóstico e estratégias. Ministério da Agricultura, p. 65.

[300] Entrevista com Madjissembaye, Koko, 24 de junho de 2017

[301] Entrevista com Madjissembaye, Koko, 24 de junho de 2017

[302] D.E. Gardinier, 1986, "Enseignement colonial français au Tchad (1900-1960), *Afrique et l'Asie Modernes*, pp. 59-72.

[303] Madana Nomay, 2001, *Les politiques éducatives au Tchad,* Paris, L'Harmattan, p. 196.

pagar o seu material escolar durante o ano letivo. [304]Os presidentes das APE (Associações de Pais) asseguraram que os pais pagavam as suas contribuições aquando do pagamento do algodão, para que a quota de cada criança inscrita na escola pudesse ser retirada.
[305]Esta contribuição dos pais permite aos presidentes dos pais pagar "o material e assegurar os salários dos professores". O dinheiro do algodão é o único rendimento que nos permite escrever a 6 a 8 crianças sem nos arrependermos, porque não podemos vender a reserva de painço para o garantir. Além disso, o preço de compra do painço não é favorável aos pais, como é o caso do algodão. [306]De facto, os descontos concedidos pela COTONTCHAD contribuíram para a construção de salas de aula e de furos de água para os alunos.

b) A criação de centros de saúde

A criação de centros médicos na região de Mandoul Oriental constitui um importante passo em frente no desenvolvimento rural, uma vez que as pessoas necessitam de cuidados de saúde para poderem exercer corretamente as suas actividades. Os agricultores disseram-nos que não há nada melhor do que uma boa saúde. [307]A presença de centros médicos nas aldeias limita a distância percorrida pelos agricultores até aos hospitais das cidades, como o hospital de Goundi, o hospital regional e o hospital de Seymour em Koumra. Estes hospitais estabelecem contactos com os centros médicos para limitar o número de casos de doenças que conduzem à morte. [308]Os doentes são transferidos para estes hospitais quando o seu equipamento é limitado ou quando os profissionais de saúde não podem efetuar operações, ou quando sofrem de cancro ou de hipertensão arterial. Por conseguinte, os produtores de algodão estão mais bem servidos nos centros médicos para tratar as doenças que os impedem de conjugar os seus esforços nos campos e em muitas outras actividades profissionais.

3) Desenvolvimento de infra-estruturas

A cultura do algodão não só beneficiou a administração colonial, que instalou fábricas de descaroçamento para consolidar o seu desenvolvimento, como também permitiu às populações locais transformar o seu ambiente a partir do seu estado natural. [309]As receitas do algodão contribuíram para a construção das estradas Doba-Koumra, Sarh e Péni-Bédjondo, e as estradas secundárias foram asfaltadas. [310]As estradas foram construídas pela administração colonial e pelas populações locais, permitindo a evacuação do algodão em caroço e a colocação de factores de produção na A.V. Além disso, registámos a criação de novas empresas como a S.T.G (Société Générale Tchadienne) em Kou- mra, a capital de Mandoul Oriental, e o mercado moderno foi criado em 2013. Em Mandoul, existem grupos de mulheres envolvidas no desenvolvimento rural sob a liderança do PRODEL (Projet de Développement Local), BELACD (Bureau d'Étude et de Liaison des Actions Caritatives du Diocèse) e ONDR (Office National de Développement Rural). Estes organismos contribuíram para o bem-estar das populações locais através da construção de lojas, de ateliers de costura, de equipamentos agrícolas para os campos colectivos das mulheres rurais e da construção de salas de reunião nos municípios. Estas infra-estruturas podem ser encontradas em Koumra e nos subsectores da região. É igualmente de referir que o

As receitas do algodão contribuem para a construção dos serviços administrativos: prefeitura,

[304] Entrevista com Rassemadji, Begue, 24 de junho de 2016
[305] Entrevista com Rassemadji, Begue, 24 de junho de 2016
[306] Entrevista com Sadjinan, Koko, 24 de junho de 2016
[307] Entrevista com Mbaitoloum, Koumra, 12 de julho de 2017
[308] Entrevista com Madjadoum, Koumra, 10 de junho de 2017
[309] Relatório sobre o plano de ação e desenvolvimento no Chade, p. 13.
[310] Entrevista com Madjeyengar, Koumra, 12 de julho de 2017

subprefeitura, câmara municipal, governadoria, inspeção do trabalho e tribunal de Koumra.

B - Impacto económico

O impacto económico da cultura do algodão estende-se a nível nacional e regional através dos seus efeitos secundários. Assim sendo, o algodão é um vetor de desenvolvimento, especialmente nas zonas rurais, devido ao acesso ao equipamento agrícola e às técnicas de cultivo.

1) O impacto económico da cultura do algodão a nível nacional

[311]O algodão é, de longe, a cultura de exportação mais importante, representando quase 80% do total das exportações. [312]Nos anos 90, as exportações de algodão representaram, em média, o dobro das exportações de gado. Por conseguinte, o algodão continua a ser a única fonte de rendimento monetário para as pessoas que o cultivam, independentemente das incertezas que possam surgir, ao contrário das culturas alimentares, cuja comercialização é mais incerta.
A indústria do algodão tem um impacto indireto muito significativo em toda a economia do país. Apoia efetivamente as poucas empresas do sector formal. Os bancos e as companhias de seguros, bem como muitas empresas de transporte em todo o país, dependem em grande medida dos resultados da produção de algodão. [313]Desde então, o sector do algodão permite que os produtores de algodão comprem produtos às empresas industriais do sul do Chade, nomeadamente às cervejeiras de Logone Ocidental (Moundou): Manufacture de Cigarettes du Tchad (M.C.T) e CYCLO TCHAD .
Além disso, existem muitas outras empresas no Chade que promovem o seu desenvolvimento. No entanto, este sector está ainda pouco desenvolvido e representa 9% do PIB. [314]A indústria têxtil COTONTCHAD-SN, com as suas 9 fábricas de descaroçamento de algodão e a S.T.T (Société Textile du Tchad), inclui um complexo totalmente integrado de fiação, tecelagem e manuseamento em Fort-Archambault (Sarh). [315]Existem também várias pequenas empresas, nomeadamente dois matadouros frigoríficos num complexo industrial de carnes e peles não utilizado, três moinhos de óleo de algodão e de amendoim em Moundou, três moinhos de arroz e duas fábricas de lacticínios em Fort-Lamy (N'Djaména). [316]Além disso, em Fort-Lamy (N'Djaména), existem indústrias que abrangem o sector energético, a construção, a engenharia mecânica, a impressão e uma fábrica de vestuário. Com exceção do algodão e da carne, todas estas indústrias são exportadas, sendo as restantes consumidas no mercado interno. O algodão foi utilizado para desenvolver culturas alimentares para a família.

2) A cultura do algodão e o desenvolvimento das culturas alimentares na região de Mandoul Oriental

a) Cultura do algodão

Foram efectuados numerosos estudos sobre o desenvolvimento das zonas algodoeiras da África Ocidental e Central. O desenvolvimento da produção de algodão baseia-se principalmente nos seguintes factores:

- Financiamento, crédito, preços garantidos ;

---

[311] Banco Mundial, 2001, *Global Development Finance. African Economic Outlook* OCDE/BAFD, p. 19.
[312] B. Donon, 1998, *Généralité ouvrage de synthèse de l'Afrique noire*, Chade, p. 205
[313] A CYCLOTCHAD é uma empresa francesa que instalou uma oficina de montagem de bicicletas em Moundou em 1957. A sua capacidade de produção é de 10.000 bicicletas por ano, Moundou (Chade), p. 32.
[314] Fort-Archambolt: Este nome refere-se à antiga cidade de Sarh.
[315] Desde a época colonial até ao início dos anos 70, Fort-Lamy era o nome dado à atual cidade de Ndjamena, cidade que recebeu o nome da revolução cultural lançada por Ngarta Tombalbaye.
[316] Comissão das Comunidades Europeias e Direção dos intercâmbios comerciais e do desenvolvimento, vol.10, República do Chade, p. 27.

- Formação, investigação, apoio e extensão.

[317]O fornecimento de factores de produção (sementes selecionadas, adubos, insecticidas e herbicidas) e de meios de produção (equipamento agrícola no momento certo e a crédito), bem como um preço garantido e a formação do agricultor, foram reforçados pela determinação do C.F.D.T. e do I.R.C.T.. Este sistema existiu durante um período muito longo, a partir dos anos 50, com o objetivo de desenvolver a produção de algodão.

No entanto, entre 1965 e 1985, o preço do algodão no mercado mundial registou um grande dinamismo. [318]Certos factores favoreceram os agricultores, permitindo-lhes equiparem-se com tração animal e modernizarem-se através da aprendizagem de técnicas favoráveis à produção de algodão e de alimentos. Para o efeito, o Estado intervém subsidiando o equipamento agrícola dos agricultores. [319]Os agricultores têm acesso a tração animal, máquinas mecanizadas, charruas e carroças a crédito do ONDR. O COTONTCHAD-SN fornece adubos NPKSB, ureia, pesticidas, baterias e pulverizadores para ajudar as plantas jovens de algodão a crescerem bem e a produzirem bons rendimentos. Este facto é confirmado pelo nosso informador seguinte:

Muitos agricultores preferem alugar o trator e a tração animal para um dia de lavoura em vez de 5 dias de monda por grupo de pessoas. A tração animal foi introduzida em Mandoul em 1956 pelo ONDR. Os preços da lavoura com arnês e da lavoura manual variam nas zonas rurais e urbanas. No entanto, depois de terem recebido o dinheiro do algodão, os agricultores organizaram-se para a colheita do ano seguinte. Compraram sementes de amendoim, ervilhas e cereais para sobreviver. [320]O dinheiro do algodão permitiu-lhes fazer trocas comerciais, criar gado e adquirir os bens materiais de que necessitavam.

No Chade, nomeadamente na região de Mandoul Oriental, os agricultores que dispõem de equipamentos agrícolas competem pelas terras para aumentar os rendimentos em cada estação. [321]A isto juntam-se os "esforços das mulheres agricultoras que possuem parelhas de bois, carroças e constroem casas de lata". Algumas mulheres comercializam cereais e cervejas tradicionais (bili-bili, djala e argui). No decurso da nossa investigação, os informadores disseram-nos que, após o pagamento do algodão, "é uma festa na aldeia" porque as pessoas estão muito felizes. Mesmo aqueles que não cultivavam algodão beneficiavam porque o dinheiro circulava. Os grandes comerciantes das aldeias e cidades de Mandoul Oriental são agricultores, que investem o seu dinheiro no comércio, na compra de terras e na concessão de crédito a funcionários públicos. Estes últimos reembolsam o dinheiro com juros no final de cada mês. Também poupam dinheiro nos bancos. A cultura do algodão é, pois, uma alavanca de desenvolvimento tanto nas zonas rurais como nas zonas urbanas. A partir de então, a técnica de cultivo do algodão recomendada pelos Agents Cotonniers de Terrain (ACT) no calendário agrícola pode ser utilizada para as culturas alimentares. Este facto permitiu aos agricultores melhorar o sistema de sementeira e a rotação das culturas.

b) O algodão e o desenvolvimento das culturas alimentares

Desde meados dos anos 60, os cientistas têm por vezes questionado a transformação do meio

---

[317] Y. Bigot e G. Raymond, 1991, "Traction animale et motorisation en zone cotonnière d'Afrique de l'Ouest : Burkina Faso, Côte-d'Ivoire, Mali", CIRAD-DSA, CIRAD-IRCT, *Collection Documents Systèmes Agraires*, no. 14, CIRAD, p. 95.

[318] M. Braud, 1990, *La filière coton en Afrique de l'Ouest et du Centre, un îlot de progrès dans un Océan de morosité*, Paris [FR]: CIRAD-IRCT, p. 123.

[319] *Ibid*. p. 127.

[320] Entrevista com Allarayem, Ngandou, 22 de junho de 2017

[321] Entrevista com Hoiadi Sidonie, Kotkouli, 16 de junho de 2017

rural nestas zonas, sem se deixarem levar pela complacência em relação à cultura do algodão. Mas todos concordam com vários factos importantes sobre o lugar do algodão no sistema de produção. As culturas alimentares foram progressivamente integradas no sector do algodão para melhorar, nomeadamente, a produção cerealífera.

Na região de Mandoul Oriental, a produção de algodão aumentou o rendimento das culturas alimentares através dos efeitos secundários dos fertilizantes orgânicos aplicados à planta do algodão. As culturas alimentares cultivadas nesta região são o painço, o feijão, o milho, o amendoim, o arroz, a batata, a ervilha, o sésamo e a mandioca. [322]O acompanhamento dos agricultores permitiu-lhes fazer a seguinte rotação de culturas: "algodão-amendoim-algodão, algodão-milho-sorgo, milho-feijão-sésamo". Isto mostra que os agricultores não cultivam a mesma cultura duas vezes na mesma terra. Naturalmente, o solo contém substâncias minerais, mas a utilização de adubos aumenta a sua fertilidade para o crescimento das culturas aí praticadas. Em Man- doul, "o amendoim, o painço, o milho, o sésamo e a mandioca são as culturas alimentares dominantes depois do algodão. [323]Algumas zonas da região não são adequadas para o cultivo do milho e do feijão-frade". A mandioca é cultivada pelos agricultores em todos os tipos de solo e é a cultura mais popular quando cultivada em zonas florestais, pois dá bons rendimentos mesmo debaixo de árvores. As raízes da mandioca são muito ricas em fertilizantes para o solo e alternam com painço, amendoim ou sésamo. [324]O milho, por outro lado, "requer estrume orgânico ou estrume animal na maioria dos casos". As culturas alimentares são, portanto, cultivadas para o consumo doméstico, com algumas para venda para satisfazer outras necessidades.

Além disso, a prática de culturas lenhosas é recorrente na região de Mandoul Oriental, especialmente durante a estação das chuvas, uma vez que quase todos os agricultores estão interessados nestas culturas. Os que vivem nas aldeias ribeirinhas cultivam legumes, milho, batata, taro, tomate, pepino e beringela durante a estação seca, o que lhes permite obter muitas receitas para os seus projectos. É também de notar que os agricultores de Mandoul estão interessados em cultivar pima devido ao seu preço muito elevado no mercado local. As culturas alimentares permitiram assim o desenvolvimento da criação de gado, que é a força vital da economia do Chade. No entanto, a rotação das culturas numa parcela agrícola exige que o solo seja deixado em repouso, tal como recomendado pela técnica de cultivo.

c) O sistema do pousio à fertilização do solo

[325]O sistema tradicional mais comum de uso da terra consiste numa fase de cultivo de 5-10 anos, seguida de abandono do cultivo para permitir o desenvolvimento da fertilidade, ou a invasão de ervas daninhas ou parasitas. Em muitas zonas de cultivo de algodão do sul do Chade, este princípio de gestão da fertilidade do solo evoluiu sob o efeito combinado dos factores acima mencionados. Uma das principais alterações observadas no Mandoul oriental é a redução considerável da duração dos períodos de pousio. Para além da renovação das condições de cultivo através do restabelecimento da fertilidade, o pousio desempenha múltiplas funções: controlo da erosão, ordenamento do território, conservação da biodiversidade, produção de forragens, de madeiras de todos os tipos e de plantas medicinais. [326]Os estudos sobre a dinâmica dos pousios mostram que não existem muitas alternativas ao

---

[322] Entrevista com Djasngombaye, Kemkian, 23 de junho de 2017

[323] Entrevista com Djasngombaye, Kemkian, 23 de junho de 2017

[324] Entrevista com Bolnan, Kemkian, 23 de junho de 2017

[325] C. Floret et al. 1993, *La jachère en Afrique tropicale*, Paris, Unesco, dossier MAAB, p. 16.

[326] C. Floret e R. Pontanier, 1999, " Raccourcissement du temps de jachère, biodiversité et développement

pousio natural. As principais sugestões para a gestão sustentável dos solos cultivados são a utilização de fertilizantes combinados com métodos biológicos, dado o papel dominante da matéria orgânica na fertilidade destes solos. Embora algumas zonas tenham sido sujeitas a grandes pressões demográficas sobre a disponibilidade de recursos naturais, o pousio continua a ser a principal prática para restaurar a fertilidade. [327]No entanto, mencionámos dois tipos de duração do pousio: o pousio de longa duração, devido à disponibilidade de terras e à baixa taxa de agricultores, e o pousio de curta duração, devido à falta de disponibilidade de terras. De um modo geral, o pousio de curta duração dura entre 2 e 3 anos, o que não favorece certas parcelas agrícolas. Os agricultores aplicam práticas para melhorar a fertilidade do solo. A fertilidade do solo é a capacidade do meio ambiente de satisfazer de forma sustentável as necessidades das populações rurais através dos sistemas de produção e de gestão que estas aplicam. Ao fazê-lo, a fertilidade é o resultado da integração do homem e do ambiente, de uma construção social em evolução. [328]A fertilidade depende das caraterísticas físicas e biológicas do ambiente e das necessidades e recursos dos grupos sociais que o utilizam e moldam para criar um ambiente favorável à realização dos seus objectivos. A manutenção da fertilidade dos solos nas zonas do Sudão e da Guiné depende principalmente da proteção do complexo argilo-húmico. [329]Isto implica a reposição sistemática da matéria orgânica a um nível aceitável de 0,8 a 1,2% .

Para este efeito, os projectos de investigação e desenvolvimento e as ONG estão interessados em questões ambientais. Estas incluem a agro-silvicultura, o controlo da erosão, a melhoria do pousio, a utilização de dejectos animais e resíduos de culturas e uma utilização mais racional dos fertilizantes minerais fornecidos pelas culturas de algodão. Além disso, a utilização de estrume animal para melhorar a fertilidade do solo é muito importante, através do estrume animal do curral e do que é devolvido diretamente à parcela durante o pastoreio. Alguns agricultores têm rebanhos e praticam o pastoreio rotativo nos seus campos. [330]Esta técnica é comummente utilizada pelos Fulani, permitindo-lhes restaurar a fertilidade dos seus campos de milho e de painço nas imediações das suas casas.

Os agricultores estão a começar a utilizar o sistema, mas de forma muito limitada. É verdade que esta prática só é compensadora para os produtores com um número suficiente de cabeças de gado, o que é difícil para a maioria dos agricultores. Assim, quando surgem oportunidades, assinam contratos de estrume com pastores transumantes ou sedentários Fulani. Estes contratos baseiam-se num princípio simples, que não exige qualquer compensação financeira ou material. [331]Baseiam-se em trocas de lucro: utilização de resíduos de culturas para o agricultor; lucro do estrume animal para o agricultor. É o que acontece na nossa zona de estudo, mais concretamente nos cantões de Koumra, Matekaga, Ngangara, Goundi e Dobo.

Os contratos com os criadores de gado são ocasionalmente limitados no tempo, o que não é suficiente para melhorar efetivamente a fertilidade. Este processo de utilização de estrume

durable en Afrique Centrale (Cameroun) et en Afrique de l'Ouest (Sénégal, Mali) " *In Agriculture tropicale et subtropicale, troisième programme STD, 1992-1995.* Relatório final, ORSTOM/IRAD/IER/ISRA, p. 245.

[327] M. Gaide, "Au Tchad, les transformations subies par l'agriculture traditionnelle sous l'influence de la culture cotonnière", L'agronomie tropicale, vol. XI, n.º 5-6 p. 47. XI, n.º 5-6, p. 47.

[328] *Ibid.*

[329] *Ibid.* p. 248.

[330] P. D'Acquino, 1995, p. 132.

[331] C. Haessler et al. 2002, Développement du cheptel au Sud du Tchad: quelles politiques pour l'élevage des savanes? In Jamin J.Y., Seiny Boukar " *Savanes africaines : des espaces en mutation, des acteurs face à de nouveaux défis* ". Actas da conferência, maio de 2002, Garoua, Camarões, N'Djamena, Chade, p. 19.

nestas zonas agro-pastoris está a dar os primeiros passos. Desenrola-se num contexto de degradação do potencial de produção agrícola, em que os solos, nomeadamente, continuam a ser limitados. [332]Para o efeito, a eficácia do estrume animal é uma fonte de esperança para os agricultores e está cientificamente provada, como salienta Landais: "para além de fertilizar, o estrume desempenha um papel importante na estrutura, na capacidade de retenção de água e na estabilidade do solo, graças à sua matéria orgânica...". De facto, o conceito de pousio é indissociável da rotação de culturas.

No entanto, o algodão e as culturas alimentares permitiram aos agricultores incluir o gado doméstico e os pastores transumantes nos seus sistemas.

d) Pecuária integrada na agricultura

[333]A pecuária representa entre 15% e 20% da economia do país, depois do algodão. O sistema pecuário dominante é o extensivo, essencialmente dependente dos recursos pastoris, dos quais os mais importantes são o pasto e a disponibilidade de água. No entanto, a zona sudanesa, considerada como a zona agrícola por excelência, é também uma zona de pecuária sedentária. Note-se que, devido às condições ecológicas cada vez mais favoráveis, é atualmente uma zona excelente para os criadores de gado transumantes, que tendem a permanecer mais tempo ou mesmo a tornar-se sedentários. A densidade populacional e o afluxo de pastores transumantes estão a criar fortes pressões locais sobre o ambiente. Com efeito, 85% dos agricultores criam gado para fins agrícolas e pequenos ruminantes por razões económicas. Durante a estação baixa, o bagaço de algodão é vendido aos agricultores para alimentar o seu gado. [334]Por este motivo, a cultura do algodão desempenha um papel importante no desenvolvimento das culturas alimentares e da criação de gado. Além disso, Lhoste afirmou

Ao contrário do sistema extensivo, este sistema inclui animais cuja gestão está ligada à exploração. Isto significa que, pelo menos durante uma parte do ano, os animais são alojados em edifícios anexos à parcela familiar; significa também que uma parte da alimentação é distribuída e que são constituídas e geridas reservas alimentares. [335]De um modo geral, o sistema reflecte também uma certa intensificação e uma gestão mais individualizada dos animais.

Esta definição é posta em causa pela tendência atual da criação de gado, que está integrada na exploração agrícola em Mandoul Oriental. Por exemplo, há situações em que a criação de gado é uma atividade de apoio, valorizando os subprodutos e limpando a vegetação à volta dos campos, como é o caso dos agricultores que possuem uma ou duas parelhas de bois para a lavoura. Estes agricultores mantêm os seus animais longe da aldeia para evitar o roubo dos seus bois. [336]No entanto, existem outros modelos em que a criação de gado se tornou uma componente essencial do sistema agrário, tanto por razões ecológicas como económicas. De facto, são classificados três sistemas:

[47]> O sistema de transumância: é a prática mais antiga e mais difundida, e difere das outras em vários aspectos: a extensão da transumância, a sua duração e o modo de vida do agricultor, que depende dos animais (alimentação, rendimento). Os movimentos espaciais e temporais dos rebanhos estão ligados à sua localização geográfica e à disponibilidade de recursos pastoris (forragem, água). A mobilidade é essencial para a sobrevivência do grupo; é também

---

332 E. Landais, 1993, Systèmes d'élevage et transfert de fertilité dans les zones de savanes africaines. Os sistemas de gestão da fumigação animal e a sua inserção nas relações entre a agricultura e a pecuária. *In Cahiers Agricultures*, volume 2, número 1, pp. 9-26.

333 Ministério da Pecuária, 1998, Réflexion sur l'élevage au Tchad. Relatório principal, pp. 77-79.

334 C. Haessler et al. 2002, pp. 7-11.

335 P. Lhoste, 1987, L'association agriculture-élevage : évolution du système agro-pastoral au siné-saloum. *Cahiers d'Outre-Mer*, vol. 35, n.º 139, p. 63.

(Senegal). Tese do INAPG, p. 312.

46 J. C. Clanet, 1982, "L'insertion des aires pastorales dans les zones sédentaires du Tchad central",

47 *Ibid.*

uma fonte de valor social e é reconhecida como tal por indivíduos cujas qualidades são reconhecidas por todos. As deslocações são efectuadas na expetativa de um certo nível de constrangimento. A escolha correta do caminho é aquela que leva os animais ao início de uma nova fase do calendário pastoril nas melhores condições possíveis. É conveniente ilustrar os tipos de sistemas de exploração existentes na zona de estudo.

> O sistema semi-transumante: é definido como um sistema intermédio entre a pecuária transumante e a pecuária associada à agricultura. Este sistema implica simultaneamente uma obrigação agrícola que mantém os produtores no seu território e um constrangimento pastoral que os leva a efetuar transumâncias sazonais de curta duração (2 a 3 meses) e de curta distância (20 a 30 km em média). Na zona sudanesa, as práticas pastoris móveis tendem a estabilizar-se, com um recurso crescente à semi-transumância, que parece ser uma nova forma de adaptação ao contexto de espaço saturado.

> O sistema sedentário ou camponês: este sistema integra a produção animal e a produção agrícola. A agricultura é a base do sistema em que assenta o modo de vida dos produtores. À medida que o sistema se desenvolve, o animal torna-se parte integrante do sistema de produção: tração animal, transporte e estrume para fertilizar os campos. [337]Este é o sistema agrícola mais difundido na zona sudanesa, sobretudo porque exige a tração animal.

No entanto, a região sul é uma zona onde os criadores de gado se instalam e permanecem durante os períodos quentes. Coexistem aqui todos os tipos de sistemas de criação de gado: sistemas extensivos baseados na transumância, sistemas agrícolas, sistemas sedentários e semi-sedentários utilizados pelas populações locais e pelos Mbororo. Por conseguinte, é difícil obter dados reais sobre os bovinos e os pequenos ruminantes. [338]Entre os criadores de gado sedentários, o Ministério da Pecuária, na ausência de um recenseamento, baseia os seus dados em animais vacinados e, por conseguinte, está sujeito a um desvio significativo. Os criadores de gado nómadas desconfiam dos serviços governamentais e evitam vacinar regularmente os seus animais; é impossível saber o número exato de animais mantidos por um criador através da vacinação. Isto significa que os efectivos transumantes raramente são tidos em conta pelo Ministério da Pecuária, mesmo que seja necessário fazer estimativas.

Na região de Mandoul Oriental, o Ministério da Pecuária estimou que existiam 27 000 cabeças de gado em 1997 e 39 000 cabeças em 2000. [339]Este número aumentou para 54.000 cabeças em 2007 e 85.000 cabeças em 2015. Convém sublinhar que, no contexto atual da região, para além dos pastores transumantes, não existem criadores de gado que não se dediquem à agricultura. Mesmo assim, são poucos os agricultores que não possuem algumas cabeças de gado. Assim, para efeitos deste estudo, os grupos considerados como agricultores foram os das comunidades das aldeias (Sara, Gouleye, Nar, Ngambaye, Gor e Daï). Por outro lado, os grupos considerados como criadores e também como não nativos com actividades dominantes como a criação, quer sejam sedentários ou transumantes (Misseriers, Árabes e Mbororo). De facto, o termo "agro-criador" é utilizado para as pessoas sedentárias que combinam a agricultura com a criação de gado, e "criadores transumantes" para os criadores transitórios. Estas actividades desempenham um papel importante no desenvolvimento agrícola. Elas mostram que os agricultores e os criadores são complementares em termos de gestão dos animais e dos solos.

---

[337] E.Vall et al. 2000, Études des pratiques et stratégies paysannes de traction animale dans les zones des savanes cotonnières du Cameroun, Tchad et RCA, Prasac/Irad, pp. 21-24.

[338] Ministério da Pecuária, 1998, p. 96.

[339] Relatório sobre a vacinação animal 2015 do Ministério da Pecuária na região de Mandoul Oriental, p. 7.

C- Impacto ambiental

O impacto ambiental é caracterizado pela colonização das árvores, pela gestão do espaço agrícola e pelo seu papel de marcadores de território.

1) Colonização das árvores e ordenamento do território

Nos sistemas agrícolas tradicionais, as árvores são um elemento vital devido aos papéis que desempenham, nomeadamente na proteção do solo, na delimitação do terreno e no fornecimento de combustível. As múltiplas funções desempenhadas pelas árvores na gestão do espaço agrário demonstram a sua justificação e o seu lugar na conservação do homem no seu ambiente. [340]As funções das árvores foram objeto de numerosas publicações científicas em várias disciplinas, incluindo a obra colectiva publicada em 1980 pela ORSTOM , intitulada "L'arbre en Afrique tropicale, la fonction et le signe", editada por Pelissier, que mostra o papel desempenhado pelas árvores na dinâmica agrária da África subsariana. Para ele, a evolução da agricultura africana explica a sua sedentarização e intensificação, que não implicou a eliminação das árvores, mas sim a sua integração nas culturas. [341]Para testemunhar as múltiplas funções desempenhadas pelas árvores na história do homem e do seu ambiente, este estudo analisa o aspeto evolutivo das práticas agrárias que integram as árvores na gestão do espaço e da fertilidade.

Na região de Sara, por exemplo, certas árvores são utilizadas não só para fertilizar o solo, mas também para desempenhar funções rituais. Contribuem também, em certa medida, para a autossuficiência alimentar da população local e dos animais. O carité (kian) é consumido em toda a região de Mandoul Oriental logo que chegam as primeiras chuvas, e o seu fruto é utilizado para fazer óleo doméstico. O néré (mat) é mais consumido durante a estação seca, e a sua farinha é utilizada para fazer papas, enquanto as suas sementes são utilizadas para fazer o tradicional maggie (ndii). [342]As folhas de Néré (mat) são utilizadas pelos chefes tradicionais para venerar os antepassados da aldeia, a fim de obter bênçãos e resistir aos males que ameaçam a comunidade.

Constatamos a presença de outras árvores úteis: mangueira, goiabeira, limoeiro, palmeira-do-diabo, roan e acácia, que são plantadas pela população local. No entanto, as árvores frutíferas e não frutíferas são preservadas pelos agricultores nas terras de cultivo, mesmo se algumas são eliminadas. A partir de então, as árvores úteis são popularizadas pelos projectos de desenvolvimento no âmbito dos programas fundiários e de luta contra a desertificação. As árvores desempenham um papel importante no sistema tradicional de posse da terra na região.

2) As árvores como pontos de referência

A contribuição das árvores para a afirmação dos direitos à terra é bem conhecida dos geógrafos africanistas:

A paisagem vegetal é a marca visível dos direitos inalienáveis à terra detidos pelos primeiros desbravadores e seus descendentes. [343]Enquanto no direito natural, a terra é apenas uma questão de direitos de exploração, o conceito de propriedade aplica-se na sua totalidade às árvores .

As mudanças recentes no sistema tradicional de posse da terra reforçaram ainda mais o papel das árvores neste domínio. [344]As árvores estão a tornar-se um marcador de propriedade da terra, e é muito comum em regiões que enfrentam problemas de terra que as árvores sejam um

[340] P. Pélissier, 1980, "L'arbre dans les paysages agraires de l'Afrique noire. In l'arbre en Afrique tropicale, la fonction et le signe", *Cahiers ORSTOM, Série sciences humaines*, vol. XVII, p. 4. XVII, p. 4.
[341] C. Seignobos, 1981, L'arbre et la cite dans la zone soudano-sahélienne 9exemple du Tchad et Cameroun) Revue de géographie du Cameroun, numéro 1, 1981, pp. 52-53.
[342] Entrevista com Sillenengar, Ngomana, 24 de junho de 2017
[343] Pelissier, 1980, p. 9.
[344] Seignobos, 1980, p. 62.

elemento fundamental nas estratégias de apropriação da terra.

Durante o nosso inquérito, apercebemo-nos de que os pastores transumantes não estavam familiarizados com o sistema e que, se estivessem, teriam ocupado grandes áreas que constituíam parques para o seu gado. Os agro-pastores dominaram o sistema de posse da terra plantando árvores, que se tornaram espaços agrários e habitáveis. Por conseguinte, sabe-se que a transumância é de curta duração em busca de pasto. Assim, a popularização das práticas ambientais consiste em plantar árvores em quantidade para combater a seca e a desertificação, bem como a erosão, que são factores de degradação dos solos.

II - O IMPACTO NEGATIVO DE ALGODÃO NO MANDUL ORIENTAL

A cultura do algodão contribui para melhorar o nível de vida da população local e para o desenvolvimento nacional. Mas representa também um perigo para a camada social.

A - Impacto social

O impacto social negativo da produção de algodão no Chade, em geral, e na região de Mandoul Oriental, em particular, pode ser resumido em termos educativos e estruturais.

1) Educação

A introdução da cultura do algodão permitiu à maioria dos agricultores assegurar a educação dos seus filhos. Não se trata de uma má cultura em si, mas o facto de uma grande parte deste rendimento ser utilizado para matricular as crianças na escola faz com que, uma vez lá dentro, adquiram outro hábito, que é o desrespeito. [345]Convém sublinhar que a educação moderna é a principal causa de aculturação nas sociedades africanas, que não favoreceram a promoção da cultura local que faz a história de África em geral e do Chade em particular. [346]Na região de Mandoul Oriental, 70% do êxodo rural é atribuído aos jovens que frequentam a escola, que criam tantos problemas aos pais como estes: violações de raparigas, gravidezes indesejadas, roubos e assassínios. Aqueles que se deram ao trabalho de ficar com os pais durante as férias tornam-se preguiçosos; em vez de irem trabalhar nos campos e preparar o novo ano escolar, passam o tempo a beber nos bares, a jogar às cartas ou ao futebol. Alguns voltam a trabalhar na terra, mas cultivam apenas alguns amendoins e gergelins para as suas necessidades, estando sempre ao cuidado dos pais. [347]Por conseguinte, o sistema educativo está a aniquilar certas tradições nas zonas rurais, uma vez que a educação tradicional perde muito do seu valor:

[348]A recusa de ir à iniciação no país de Sara (yo-ndoh), o abandono ou o desrespeito pelas celebrações dos cultos ancestrais numa determinada altura, o desaparecimento das canções e danças tradicionais como parte da educação, porque a administração colonial transformou tudo isto em seu proveito.

2) A estrutura da vida social da população de Mandul Oriental

É certo que a cultura do algodão provocou mudanças sociais na região, mas não promoveu o desenvolvimento rural na sua totalidade. Mencionámos a habitação, os meios de transporte, o difícil acesso à água potável em algumas aldeias, os cuidados de saúde e a educação como critérios da modernização que a cultura do algodão trouxe ao Chade. No entanto, o nível de

---

[345] Mbaisso Adoum, 1990, *L'éducation au Tchad, bilan, problématique et perspective*, Paris, Karthala, p.201.

[346] *Ibid.*

[347] Hassan Hkayar Issa, 1976, *Le refus de l'école, Contribution à l'étude des problèmes de l'éducation chez musulmane du Ouaddai (Tchad)*, Paris, C.N.R.S, p. 208.

[348] Entrevista com Allangombaye, Kemkian, 15 de julho de 2017

vida da população chadiana e Mano Douani continua a ser precário. [349]De facto, antes da introdução da cultura do algodão na região, as pessoas ainda viviam em cabanas redondas com telhados de colmo, tal como os camponeses de hoje. Em algumas aldeias de Mandoul, até as casas de palha são difíceis de construir.

Foram os esforços combinados de alguns agricultores que construíram as casas de lata e as lojas, financiadas não pelo dinheiro do algodão ou pela ajuda do Estado, mas pelos próprios agricultores. [350]Muitos dos idosos que trabalhavam na produção de algodão estão sem casa e expostos às intempéries.

Este facto não motiva os agricultores a dedicarem-se à produção de algodão, pois para eles trata-se de um trabalho deficitário. Outro grande problema é a falta de acesso a cuidados médicos e a água potável. Os agricultores não podiam procurar tratamento médico porque o custo das receitas era muito elevado. Se é sabido que os recursos humanos são um fator de desenvolvimento de um país ou de uma comunidade, no sistema de produção a saúde das pessoas é fundamental para a qualidade do trabalho que realizam.

[351]Foram criados distritos sanitários, por vezes a 30 ou 40 km de distância em certas localidades, e os meios de transporte colocam enormes problemas na medida em que os agricultores não têm dinheiro para adquirir estes bens porque a COTONTCHAD-SN atrasa a recolha do algodão e o pagamento.

Nas aldeias, as pessoas têm de pagar pela água dos furos para beber e para muitas outras actividades. Este sistema contribui, portanto, para o desequilíbrio económico.

B- Impacto económico

O impacto económico da cultura do algodão resulta do abandono das culturas alimentares como fonte da economia e do consumo das famílias. [352]Refere-se também à ocupação de terras agrícolas e à venda involuntária de bens económicos através do investimento nesta cultura de rendimento. É isto que qualifica a produção de algodão, da fragilidade ao equilíbrio alimentar. [353]Os agricultores lamentam que "a cultura do algodão é contra a nossa vontade" porque não nos traz nada. Exige grandes somas de dinheiro, e os produtores são obrigados a vender o seu painço ou os seus animais para pagar o trabalho. O algodão reduz a economia familiar e acaba por provocar a fome, porque ocupa os celeiros sem ser evacuado pelo COTONTCHAD-SN. No entanto, os agricultores sabem onde investir para o seu desenvolvimento económico quando o sistema do algodão muda, e fazem-no apenas para ter acesso a fertilizantes NPKSB e ureia para o desenvolvimento de culturas alimentares. [354]O que é difícil de entender, no entanto, é que o algodão continua a ser a cultura dominante em algumas aldeias, apesar de esgotar o solo através da rotação de culturas baseada na tração mecanizada, o que favorece a erosão.

No entanto, os sistemas agrícolas e pastoris tradicionais de exploração dos recursos naturais sofrem as consequências da seca, mas são também responsáveis pelo aumento da vulnerabilidade ao risco de desertificação. [355]Do mesmo modo, os sistemas ditos "modernos", baseados no algodão, no amendoim e no milho, são igualmente vulneráveis à desertificação:

---

[349] Entrevista com Ngar-adoumbe, Kemkian, 15 de julho de 2017

[350] Entrevista com Nantoyim-kingar, Kotkouli, 16 de junho de 2017

[351] Entrevista com Djasngomta, Koumra, 18 de julho de 2017

[352] E. Mbetid-Bessane et al. 2003, p. 113.

[353] Entrevista com Tchadingar, Koumra, 19 de junho de 2017

[354] D. Marambaye, 2002, "Évolution des conditions paysannes de production du coton au Sud du Tchad et ses conséquences sur les stratégies des paysans", Rapport de Maitrise, PRASAC, N'Djamena, p. 86.

[355] G. Raymond, 1991, gestion de la fertilité des sols et production cotonnière dans le Sud du Tchad, IRCT-CIRAD, sessão "*L'agriculture et la gestion des ressources renouvelables*", workshop B1, pp. 77-82.

uma irrigação mal gerida conduz à salinização e, em seguida, à esterilização do solo; as monoculturas podem conduzir a uma maior suscetibilidade à erosão e à degradação do solo, em consequência de uma desnudação prolongada do mesmo.
Os mecanismos de controlo do acesso aos recursos naturais e os métodos de gestão foram, em geral, instituídos durante séculos pelas sociedades tradicionais e conduziram a situações de relativo equilíbrio. Posteriormente, foram perturbados por factores históricos e demográficos, que se explicam pelo crescimento demográfico. Estas situações já não são suficientes para satisfazer as necessidades da população, nomeadamente em termos de alimentação. [356]O aumento da produção agrícola foi muitas vezes conseguido à custa de uma maior pressão sobre os recursos e o espaço: mais terra é cultivada, menos terra é deixada em pousio, o que resulta numa perda de fertilidade e numa maior suscetibilidade à degradação. A isto acresce a desflorestação para lenha e outras utilizações. [357]Na zona saheliana do próprio Chade, o principal recurso provinha da criação de gado; os períodos de seca levaram ao sobrepastoreio em direção ao sul, o que provocou uma degradação grave. Quando os períodos de chuva regressam, as pastagens recuperam rapidamente, mas pode haver uma perda de biodiversidade e uma redução das zonas de recrescimento onde a degradação atingiu um ponto de não retorno. Esta análise permite, portanto, avaliar o impacto ambiental da produção de algodão no Chade em geral e na região de Mandoul Oriental em particular.

C) O impacto ambiental da cultura do algodão

A cultura do algodão não teve apenas impactos positivos. As actividades de cultivo do algodão têm tido muitas repercussões negativas nas zonas algodoeiras do Chade, contribuindo ainda mais para a fragilidade da população. A intensificação da cultura do algodão tem consequências negativas para o ambiente, contribuindo para as alterações climáticas, o declínio da diversidade biológica e a desertificação acelerada. Por conseguinte, o estudo do impacto ambiental da cultura do algodão centra-se na degradação dos solos e na biodiversidade.

1) O impacto da cultura do algodão no solo

O impacto da cultura do algodão no solo deve-se a sistemas de cultivo tradicionais que implicam limpezas e queimadas inadequadas. [358]Estes sistemas de cultivo, que incluem sistemas mecanizados, por um lado, e a lavoura, por outro, são responsáveis pela diminuição da fertilidade do solo. Nos sistemas de cultivo tradicionais, o ciclo começa com a limpeza manual das parcelas, que consiste em queimar as plantas que enriquecem temporariamente o solo e deixar os cepos queimados no local.
No entanto, a cultura intercalar é efectuada com uma mobilização reduzida do solo. A degradação do solo é limitada e, após alguns anos de cultivo, conduzirá progressivamente ao pousio. Além disso, a prática das queimadas é prejudicial e empobrecedora, porque a matéria vegetal que se alimentou do solo não regressa a este para ser transformada em nutrientes. Para tal, o azoto volatiliza-se e as cinzas são dispersas pelas águas de escoamento ou pelo vento, pelo que a perda de nutrientes através do fogo é equivalente. Isto também perturba a restauração da recarga orgânica do solo. Além disso, o fogo coze superficialmente o solo, alterando a sua estrutura superficial. O resultado é uma redução da porosidade e um aumento

---

[356] *Ibid.*
[357] E. Landais, 1993, p. 58.
[358] J. Arrivets e D. Rollin, 2002, *Questions de fertilité dans la zone soudanienne du Tchad : Proposition d'un travail de recherche de développement utilisant des systèmes avec SCV, relatório de missão*, Montpellier, CIRAD, p. 61.

do escoamento superficial e da erosão. Na região de Mandoul Oriental, as autoridades administrativas emitiram uma declaração proibindo a limpeza de terrenos, o abate abusivo de árvores e a utilização de fogos florestais pelos agricultores, mas os fenómenos continuam. [359]A degradação dos solos devido aos fenómenos climáticos favorece simultaneamente o avanço do deserto.

Os sistemas de cultivo mecanizados também têm as suas desvantagens, devido às técnicas agrícolas altamente desenvolvidas utilizadas para alargar as áreas semeadas e obter rendimentos elevados. No entanto, após o desbravamento radical, que consiste no desnudamento total das parcelas, as terras aradas são ocupadas por culturas anuais de baixo rendimento. As culturas de rendimento, como o algodão, são integradas no ciclo de rotação das culturas e são utilizadas técnicas intensivas, como os fertilizantes NPK e os tratamentos fitossanitários. Para tal, o retorno do investimento em termos de tempo e energia despendidos no desenvolvimento das parcelas implica frequentemente uma cultura contínua com pouco ou nenhum pousio. Assim, as práticas agrícolas modernas não só aumentam a degradação, como também incentivam os agricultores a concentrarem-se mais na rentabilidade do que na evolução regressiva do ambiente e das terras agrícolas.

Além disso, todas as limpezas provocam um desequilíbrio do solo, mas, consoante o grau de desequilíbrio e o sistema de cultivo que se segue, os efeitos podem ser ainda maiores, sendo os casos extremos os de limpezas radicais e brutais, seguidas de cultivos intensivos, por vezes inadaptados ao meio local. [360]Nesta situação, Roose salienta que "os horizontes portadores de húmus são despojados, restando apenas uma massa mineral crestada, compacta, inerte, quase estéril". O desmatamento total tem consequências a médio e longo prazo, pois interrompe o ciclo de fertilização do solo, ao qual não são devolvidos os materiais vegetais e os nutrientes. O desbravamento também tem efeitos nefastos a curto prazo, devido à degradação dos horizontes superficiais que provoca, resultando numa diminuição do nível de matéria orgânica. [361]Isto resulta numa redução das reservas de nutrientes, que pode levar à acidificação do solo e à toxicidade do alumínio, através da erosão selectiva que resulta numa depleção de partículas finas. As limpezas mecanizadas são tanto mais devastadoras quanto arrancam a rede de raízes que fornece a estrutura do solo e, por conseguinte, a sua estabilidade, retiram os horizontes portadores de húmus e pulverizam os horizontes superficiais, compactando os horizontes inferiores. Além disso, são acompanhadas da remoção total dos cepos, dando origem a vastos buracos, ou zonas húmidas, que não são preenchidos, mesmo durante as operações de nivelamento. [362]A remoção total dos cepos não só elimina o apodrecimento dos cepos, que poderia ter enriquecido o solo com matéria orgânica, como também elimina os rebentos que normalmente se desenvolvem nos cepos e que são favoráveis à regeneração quando o terreno é retirado.

A mecanização tem dois tipos de impacto na degradação do solo. [363]Indiretamente, favorece o aumento da superfície desbravada e semeada, pois permite ganhar tempo na lavoura e na sementeira. Esta situação é tanto mais prejudicial quanto as parcelas são cada vez mais longas no sentido do declive. Isto expõe as novas terras a condições climatéricas agressivas. Além

---

[359] B. Verardo, et al, 2004, p. 68.

[360] E. Roose, 1985, "Impact du defrichessement sur la dégradation des sols tropicaux", *le machinisme agricole tropical,* número 87, p. 27.

[361] E. Roose, 1985. p. 29.

[362] J. Peltre-Wurtz, 1984, "La charrue, le travail, l'arbre", *cahiers, série Sciences Humaines*, volume 20, número 3-4, pp. 63-64.

[363] E. Roose, 1985, p. 31.

disso, perturba diretamente o equilíbrio do solo, nomeadamente nos solos leves que são facilmente lixiviados e desestruturados. Os solos argilosos que foram humedecidos são mais resistentes, especialmente se forem ricos em húmus.

Em consequência, a mecanização provoca alterações estruturais negativas no solo, perturbações que acompanham o aumento do índice de instabilidade estrutural e tornam o solo mais vulnerável à erosão. [364]Assim, enquanto prática de cultivo marginal, Boli e os seus co-autores mencionam os riscos de uma degradação rápida:

A lavoura motorizada, que elimina toda a estrutura radicular das plantas lenhosas e especialmente das gramíneas anuais no primeiro ano e exerce uma pressão considerável sobre o solo, produz uma deterioração em dois anos que foi alcançada ao longo de vários anos em parcelas onde foi utilizada *a lavoura* manual.

Ao mesmo tempo, no entanto, a lavoura profunda é prejudicial porque quebra o solo a uma profundidade de 20 a 25 cm. [365]Isto acelera a lixiviação e a erosão, que podem esterilizar o solo após apenas duas ou três épocas de cultivo, especialmente porque a erosão é aumentada em 0,5% de declive. Além disso, expõe os materiais profundos à cobertura, reduzindo assim a coesão e a resistência do solo. [366]Por fim, dilui a matéria orgânica e, sobretudo, enterra-a em torrões nos horizontes mais profundos, onde as condições anaeróbias são desfavoráveis ao seu desenvolvimento.

2) O impacto da cultura do algodão na vida selvagem e nos animais

A cultura do algodão tem um impacto negativo na vida selvagem e nos animais, devido à utilização de produtos fitofarmacêuticos. No decurso da investigação, os nossos inquiridos consideraram que a cultura do algodão tem um impacto nos ecossistemas. Pensaram que a forte pressão sobre o coberto vegetal e a utilização de produtos fitofarmacêuticos devido a esta cultura ameaçam seriamente a sustentabilidade dos "recursos naturais da vida selvagem das áreas protegidas". [367]Os mais afectados são os répteis, os macacos, os ratos e as aves".

No entanto, as florestas classificadas da zona sul, nomeadamente a floresta de Mandoul Oriental, são objeto de abates e desbastes agressivos e descontrolados por parte das populações locais em busca de novas terras propícias à cultura do algodão. [368]Com efeito, os grãos de cereais deixados nos campos atraem, na maior parte das vezes, as aves da zona, que costumava ter uma presença permanente de espécies aviárias: "Os pica-paus que costumavam acompanhar os nossos rebanhos até casa já não existem", conta Yemingaye, uma vez que o algodão não é consumido por estas aves, em comparação com os cereais. Além disso, a cultura do algodão tem efeitos nefastos para os animais domésticos, porque :

Reduz as áreas de pastagem ao invadir a terra e causa perdas de gado. Os animais morrem de intoxicação ou envenenamento depois de comerem alimentos que entraram em contacto com produtos de tratamento do algodão. [369]Os animais mais afectados são os bovinos, ovinos, caprinos e aves de capoeira.

Podemos também constatar o impacto negativo da produção de algodão sobre os insectos na

[364] Z. Boli et al, 1993, Effet des techniques culturales sur les ruissellements, l'érosion et la production du coton et maïs sur un sol ferrugineux tropical sableux. *"Recherche de systèmes de culture intensifs et durables en région soudanienne Nord-Cameroun, cahier ORSTAM, série pédologie*, vol. 28, no. 2, p. 54.

[365] G. Charriere, 1984, "La culture attelée : un progrès dangereux", *Cahier ORSTOM, série Sciences Humaines*, volume 20, números 3-4, p. 85.

[366] *Ibid.*

[367] Entrevista com Maikoe, Ngandou, 22 de junho de 2017

[368] Entrevista com Yemingaye, Ngandou, 22 de junho de 2017

[369] Entrevista com Yemingaye, Ngandou, 22 de junho de 2017

área de estudo. [370]A utilização excessiva de pesticidas constitui uma ameaça importante para a sobrevivência dos insectos que colonizam os campos (abelhas, térmitas, formigas, gafanhotos, moscas brancas, lagartas, borboletas, bactérias e campeões). As bactérias, as térmitas e as minhocas responsáveis pela decomposição dos resíduos vegetais e pelo revolvimento dos horizontes superficiais do solo são mortas. [371]A biodiversidade é assim desequilibrada, o que provoca um bloqueio ou um abrandamento da renovação do húmus do solo.

A população local considera que a diminuição da qualidade e, sobretudo, da quantidade de mel na sua região se deve, sem dúvida, à utilização de pesticidas. É por isso que Allarayem afirma: "Nos últimos anos, não podemos obter mel das florestas. Antes, podíamos colher pelo menos duas vezes (02) por ano. [372]Mas agora é muitas vezes difícil encher uma pedra num ano". Este facto é considerado como uma destruição da natureza, que não deixa o homem indiferente ao seu ambiente.

3) O impacto da cultura do algodão no ser humano

Os esforços combinados do homem para alcançar o desenvolvimento económico têm efeitos adversos na sua sobrevivência. O inquérito revelou acidentes relacionados com a utilização de pesticidas químicos. Foram registadas doenças de pele e dos olhos, tonturas e até tensão arterial. Foram registados numerosos casos de morte na região de Mandoul Oriental, ligados ao envenenamento por produtos químicos do algodão. Verificámos que estes acidentes se devem principalmente a práticas deficientes:

- Pulverização sem proteção;
- A reutilização de embalagens de pesticidas, nomeadamente para conservar alimentos e água destinados ao consumo;
- O armazenamento de pesticidas em habitações;

A utilização de produtos químicos para outros fins (matar piolhos, gorgulhos, ratos, lagartas, espécies exóticas encontradas nas imediações das concessões).

Os vários efeitos da produção de algodão estão a contribuir para o desaparecimento dos recursos naturais. Para além dos impactos negativos da produção de culturas de rendimento, os agricultores e a COTONTCHAD-SN enfrentam dificuldades que estão a levar a um declínio da produção de algodão.

III - DIFICULDADES LIGADAS À PRODUÇÃO E À COMERCIALIZAÇÃO COMERCIALIZAÇÃO DO ALGODÃO NO CHADE

A produção de algodão, outrora a espinha dorsal da economia chadiana em termos de rendimento pecuniário, está atualmente a atravessar uma grave crise, que está a provocar a queda da produção. Este declínio deve-se às dificuldades encontradas pelos agricultores e pelo CO- TONTCHAD.

A - Dificuldades ligadas à produção e comercialização do algodão a nível das explorações agrícolas

No Chade, os produtores de algodão enfrentam uma série de dificuldades durante a época de cultivo, que os impedem de obter rendimentos mais elevados.

[370] F. Nuttens, 2001, La production de coton graine dans la zone soudanienne, N'Djamena, Ministère de l'Agriculture, ONDR/DSN, p. 28.

[372] Entrevista com Allarayem, Ngandou, 22 de junho de 2017

1) Problemas naturais e dificuldades de acesso aos factores de produção e equipamentos agrícolas

Os problemas relacionados com a natureza são causados pelos caprichos do tempo, que perturbam o calendário agrícola, quer com chuvas tardias que não favorecem a sementeira precoce, quer com chuvas abundantes que inundam as áreas semeadas. [373]A degradação dos solos devido à erosão e às más práticas de cultivo explica em parte as principais dificuldades enfrentadas pelos agricultores. Com efeito, a infertilidade dos solos resultante destes fenómenos naturais gerou um clima de desconfiança entre os agricultores, que hesitam em exprimir as suas necessidades quando encomendam factores de produção, a fim de evitar as dívidas da COTONTCHAD. Além disso, registou-se um atraso na introdução dos factores de produção ao nível das associações de aldeia. [374er]Em 2006, menos de 60% das associações de aldeia tinham recebido as suas encomendas de adubos NPKSB e de ureia até 1 de junho, enquanto 20% tinham recebido as suas encomendas até à data-limite de 15 de junho para a distribuição. [375]Além disso, as quantidades de NPKSB e de ureia efetivamente aplicadas continuam a ser 30% e 40% inferiores às quantidades encomendadas.

Os atrasos na entrega dos factores de produção constituem um obstáculo ao desenvolvimento da agricultura, o que é muito preocupante para os produtores de algodão. O cumprimento parcial das encomendas de factores de produção contribui para o não cumprimento das doses de fertilizantes, com repercussões nos rendimentos e nas colheitas. [376]O custo elevado dos factores de produção e do equipamento agrícola impede os produtores de aumentarem as suas terras agrícolas na região de Mandoul Oriental.

Este facto revela a ausência de uma política de subvenção do preço do material agrícola por parte do Estado em benefício dos agricultores, que desempenharam um papel importante na garantia da autossuficiência alimentar em todo o país.

2) Falta de apoio aos produtores de algodão

As técnicas de cultivo pouco se alteraram desde que o algodão se generalizou na década de 1980. Embora a lavoura no início do ciclo se tenha generalizado, a monda mecânica continua a ser marginal e a sementeira mecânica está totalmente ausente. No entanto, o único fornecedor de fertilizantes minerais é a COTONTCHAD, através do regime de crédito para factores de produção. A produção e a aplicação de estrume orgânico ainda não estão generalizadas. Os rendimentos médios do algodão no Chade em 2005 e 2006 foram baixos em comparação com os de outros países da zona franca, onde excederam uma tonelada por hectare. [377]A reduzida utilização de factores de produção continua a ser uma das principais razões para os baixos rendimentos em toneladas. O desempenho técnico e económico limitado da zona algodoeira do Chade não incentiva os produtores a reembolsar os empréstimos de factores de produção e constitui um fator de risco temido pelos membros das associações de aldeia. De facto, as dívidas de algumas associações de aldeia atingiram níveis tão elevados que os reembolsos podem ser tão elevados como a totalidade do rendimento das vendas.

Além disso, mencionámos a má gestão das terras agrícolas pelos produtores nas linhas de pastagem dos pastores transumantes em certas aldeias. A destruição dos campos de algodão está na origem de conflitos agro-pastoris na região, com efeitos nefastos para a população e

F. Nuttens, 2001, p. 34.

[374] NPKSB; tipo de fertilizante complexo utilizado na zona algodoeira do Chade.

[375] *Ibid.*

[376] Entrevista com Djimrangaye, Koko, 24 de junho de 2017

[377] D. Reoungal, 2008, *Diagnostic agraire en zone cotonnière du Tchad, cas du village de Nguette*, Paris, L'Harmattan, p. 87.

uma diminuição da produção. Após o trabalho árduo e as dificuldades encontradas pelos agricultores, estes registaram atrasos no mercado de autogestão e no pagamento.

3) Atrasos na recolha e no pagamento aos produtores

Os atrasos na recolha e evacuação do algodão-semente dos produtores são as principais dificuldades registadas, causando uma quebra na produção de algodão na zona. No final de agosto de 2006, a meio da campanha agrícola:

12 000 toneladas de algodão em caroço produzidas em 2005 estavam ainda à espera de serem evacuadas, o que equivale a mais de 10% da produção total. [378]Ao mesmo tempo, 20% das associações de aldeia inquiridas ainda tinham uma média de 38 toneladas de algodão em caroço à espera de serem recolhidas, o que equivale a mais de 7% da produção da amostra inquirida.

[379]O atraso na "recolha do algodão-semente junto das associações de aldeia (AV) levou alguns produtores a levar as suas existências de algodão para as aldeias vizinhas, onde estão abertos mercados autogeridos". Esta situação caracteriza-se pela falta de transparência ou pelo incumprimento das regras que regem a abertura dos mercados autogeridos.

Contudo, os produtores queixam-se de que o acordo de abertura do mercado é frequentemente prorrogado por meses após a colheita. Este atraso é infundado e conduz a uma diminuição da qualidade do algodão, uma vez que os produtores não dispõem de instalações adequadas para o armazenar. [380]De acordo com os agricultores, a curta distância estimada entre as aldeias muito próximas da fábrica de descaroçamento não tem nada a ver com este facto, uma vez que é comum estas aldeias abrirem os seus mercados meses após a colheita do algodão.

No entanto, os VAs que se encontram longe da fábrica vendem o seu algodão logo após a colheita ou mesmo durante a mesma. A isto acresce a corrupção que continua a surgir na altura dos mercados de algodão. Nas aldeias onde as autoridades administrativas produzem algodão, a abertura do mercado não demora muito, nem o pagamento. Assim, para que o mercado do algodão abra

[381]Nalgumas associações de aldeia, os agricultores são obrigados a contribuir com uma soma de dinheiro paga ao delegado cantonal para a negociação do acordo de abertura do mercado autogerido.

Outra dificuldade está ligada à desvalorização da qualidade do algodão, também conhecida como "desclassificação" injusta do algodão. [382]Nas associações de aldeias da zona algodoeira de Koumra, muitos produtores testemunharam as razões invocadas pelo CO-TONTCHAD-SN para colocar o algodão numa categoria inferior: "má qualidade dos factores de produção, condições de armazenamento inadequadas do algodão em caroço, incêndios florestais, desrespeito do calendário de colheita do algodão e algodão húmido". Sabem também que a mistura de algodão de qualidade superior com algodão de qualidade inferior no mesmo caixote durante o transporte para a fábrica de descaroçamento pode provocar a depreciação de todo o conteúdo do caixote.

[383]No entanto, para alguns produtores, mesmo que o algodão seja "branco como a neve, será sempre desclassificado". Depois de recolhido no centro de compras, o algodão é transportado para a fábrica, onde é avaliado em função da sua qualidade. No entanto, o que os produtores continuam a não aceitar são as manobras oficiosas que ocorrem durante o processo de calibragem e que conduzem a uma desclassificação do seu algodão. Uma avaliação honesta da qualidade do algodão é geralmente o resultado de um pagamento privado entre os inspectores

[378] Entrevista com Nanhotomadje, Ndangtori, 20 de junho de 2017
[379] Entrevista com Djim-hotongue, Koli, 20 de junho de 2017
[380] Entrevista com Madjeram, Koli, 20 de junho de 2017
[381] Entrevista com Madjeram, Koli, 20 de junho de 2017
[382] Entrevista com Deouyo, Koumra, 14 de junho de 2017
[383] Entrevista com Bolnan, Begue, 16 de junho de 2017

de algodão da fábrica e os transportadores. [384]É por isso que os produtores de algodão gritam frequentemente: "Basta bater à porta certa e o algodão da aldeia não será desclassificado". Isto fala-nos de certas aldeias onde a produção é muito elevada, mas que são declaradas "não solventes" devido a práticas de desclassificação do algodão. Isto significa que os agricultores só estão a sofrer porque a redução do rendimento aumenta a sua vulnerabilidade. São confrontados com a fome e com as taxas de juro exorbitantes oferecidas pelos penhoristas. Em consequência, alguns agricultores e associações de aldeia são obrigados a abandonar a produção de algodão.

Registamos que os atrasos de pagamento são um problema recorrente para os produtores de algodão no Chade. Estes atrasos não incentivam os agricultores a produzir algodão. [385]No cantão de Bessada, no leste da região de Mandoul Oriental, "os produtores de algodão ainda não receberam o dinheiro para as campanhas de 2015-2016 e 2016-2017". Este facto teve uma série de consequências negativas para os agricultores, levando ao descontentamento e à não prática da produção de algodão nesta parte da região de Mandoul Oriental. Os produtores de algodão afirmam que, antes do mercado de autogestão, o algodão era pago no momento da compra, no chamado mercado ordinário, pelo que não havia pagamentos em atraso. [386]Atualmente, porém, "depois do mercado, a COTONTCHAD-SN esquece-se de que o algodão foi produzido e os produtores recebem o seu dinheiro quando a COTONTCHAD-SN tiver concluído as suas actividades de recolha, avaliação e classificação do algodão em caroço". Isto mostra claramente que os prazos de pagamento são indeterminados. Este facto aumenta consideravelmente a insegurança alimentar, uma vez que a maioria dos produtores depende do dinheiro do algodão para comprar cereais e também para se preparar para a próxima época de cultivo.

[387]Muitos produtores preferiram consagrar todos os seus recursos à produção de algodão, obviamente para poderem pagar o trabalho humano e a tração animal. De momento, são os grandes produtores, que dispõem de meios financeiros e de equipamentos materiais, que produzem algodão em grandes quantidades para realizar os seus projectos a longo prazo.

No entanto, "a maioria dos agricultores abandonou a produção de algodão em favor de culturas alimentares para cobrir as suas necessidades quotidianas. [388]Consideram que não há comparação entre a cultura comercial conhecida como algodão e as culturas alimentares, que permanecem sempre na família". Os agricultores dependem das culturas alimentares, do comércio, da criação de gado e da pesca como fontes de rendimento. Para além das diversas dificuldades, a falta de apoio aos produtores de algodão no Chade continua a ser preocupante, nomeadamente em Mandoul. Estas dificuldades não se verificam apenas ao nível dos produtores, mas também ao nível do COTONTCHAD-SN.

C - Dificuldades encontradas pelo COTONTCHAD-SN

A empresa algodoeira do Chade, tal como outras em África, foi considerada o pulmão da economia chadiana nos anos 80, mas deparou-se com enormes dificuldades nos últimos anos. Estas dificuldades são de carácter financeiro, estrutural e logístico.

1) Dificuldades financeiras encontradas pela COTONTCHAD-SN

Nos últimos anos, a COTONTCHAD-SN tem tido dificuldades de tesouraria devido a

[384] Entrevista com Bolnan, Begue, 16 de junho de 2017
[385] Entrevista com Djimadjim, Bessada, 07 de julho de 2017
[386] Entrevista com Nguemadjibaye, Bessada, 07 de julho de 2017
[387] Entrevista com Kosramadje, Mousminda, 26 de maio de 2017
[388] Entrevista com Ra-adoumadje, Mousminda, 26 de maio de 2017

factores económicos. Estas dificuldades resultaram da flutuação dos preços mundiais, dos défices de exploração e das dívidas das associações de aldeia e do Estado. [389]No entanto, a desvalorização do FCFA em 1994 deu um impulso e os lucros das empresas de algodão, a necessidade de reforma tornou-se menos urgente. O COTONTCHAD registou um nível muito baixo de produção de algodão logo após o período de crise dos preços mundiais.

No entanto, as pressões sobre a tesouraria obrigaram a COTONTCHAD a limitar as suas actividades, incluindo a escassez de factores de produção e a incapacidade de comprar algodão em caroço na totalidade. [390]Para inverter esta tendência negativa, a COTONTCHAD fixou o preço de compra do algodão em caroço aos produtores em 190 FCFA/kg para a campanha de 2005/2006, ou seja, um aumento de 30 FCFA durante o período, em conformidade com a situação atual do mercado mundial. [391]Para cumprir esta promessa, a COTONTCHAD-SN teve de solicitar uma subvenção de 10 mil milhões de FCFA ao Estado, com base numa estimativa de 25 000 toneladas de algodão em caroço, que cobria apenas uma parte do montante efetivo. Além disso, a má aplicação da regulamentação relativa ao imposto sobre o valor acrescentado (IVA) no sector do algodão constitui uma das dificuldades financeiras. [392]Esta situação revela a tendência do Estado para contornar ou manipular a lei a seu favor, penalizando as empresas do sector formal. O sistema de imposto sobre o valor acrescentado no sector do algodão viola o princípio da neutralidade fiscal, uma vez que, contrariamente à prática habitual, o Estado não reembolsa o IVA cobrado sobre os factores de produção agrícola. [393]A elevada taxa deste imposto faz com que a CO- TONTCHAD-SN não possa cobrir as suas necessidades, uma vez que atravessa crises financeiras. Para além destas dificuldades, a COTONTCHAD-SN enfrenta problemas estruturais e logísticos.

2) Dificuldades estruturais e logísticas

No que se refere às dificuldades estruturais, a queda da produção de algodão no Chade é frequentemente atribuída, em parte, à deterioração dos factores estruturais. O declínio deve-se também à ineficácia dos serviços de extensão e da investigação técnica na seleção das gerações de sementes. [394]As pistas de algodão estão deterioradas e necessitam de um trabalho sério de recuperação, e o COTONT-CHAD-SN não dispõe de recursos financeiros suficientes para esse trabalho. De facto, nos locais onde as pistas são trabalhadas pelo Estado, são instaladas barreiras pluviais logo que chegam as primeiras chuvas e os guardas das barreiras recusam-se a deixar circular os poliguindastes. Entretanto, a COTONTCHAD-SN está a meio de uma campanha de marketing para recolher algodão em caroço junto das associações de aldeia.

A venda de factores de produção aos produtores é também um problema importante na fábrica de Koumra. [395]O problema continua por resolver devido ao envolvimento direto de alguns chefes tradicionais, incluindo os delegados cantonais, que não renovaram o mandato desde as suas eleições. É de salientar que a COTONTCHA-SN enfrenta dificuldades devido à obsolescência das suas instalações e equipamentos, a uma manutenção ineficaz que conduz a avarias recorrentes de camiões e máquinas e à falta de peças sobressalentes. [396]A

[389] F. Nuttens, 2001, p. 103.
[390] E. Mbainaissem, 2013, p. 68.
[391] Haroun Wawe, 2015, p. 36.
[392] *Ibid.*
[393] *Ibid*, p. 42.
[394] Relatório de fim de época 2015/2016, p. 5.
[395] Entrevista com Deouyo, koumra, 09 de junho de 2017
[396] Entrevista com Deouyo, koumra, 09 de junho de 2017

irregularidade das entregas de sementes, a insuficiência de camiões para a recolha do algodão em caroço e a evacuação do algodão em pluma para o estrangeiro, bem como os elevados custos de transporte, obrigam a empresa algodoeira chadiana a produzir algodão em quantidades suficientes em relação à média de alguns países da África Central e Ocidental.

Além disso, o consumo de eletricidade e de combustível para a manutenção é muito elevado e as instalações de armazenamento dos fardos de fibras de algodão, que são armazenados ao ar livre na empresa, são insuficientes.

Consequentemente, as condições de trabalho do pessoal permanente, sazonal e temporário da fábrica são deploráveis. Por exemplo, os gabinetes de alguns serviços são demasiado pequenos para os arquivos. O gabinete do supervisor situa-se ao lado do ciclone da fábrica, onde o descaroçador lança poeiras que cobrem os documentos, e o único que faz é aspirar todos os dias. O pessoal não dispõe de calçado de segurança nem de botas de borracha, o que põe em risco a sua saúde. [397]A empresa não pode funcionar enquanto os efectivos humanos e materiais forem limitados.

Em suma, a cultura do algodão tem tido impactos positivos e negativos para os agricultores desde a sua introdução. Foi considerado como uma fonte de rendimento para o desenvolvimento socioeconómico do Chade e, mais particularmente, da região de Mandoul Oriental. Com efeito, o acesso aos factores de produção e ao equipamento agrícola para a produção de algodão beneficiou o desenvolvimento das culturas alimentares através dos efeitos secundários dos fertilizantes químicos. Esta cultura tornou possível uma política de desenvolvimento ambiental, de criação de gado e de infra-estruturas de bem-estar social. Esta cultura foi a verdadeira causa do enfraquecimento da economia chadiana, ao ponto de os produtores perderem o interesse pela produção de algodão. De facto, a queda do preço de compra do algodão em caroço, o elevado custo dos factores de produção e do equipamento agrícola, bem como o atraso na cobrança e no pagamento são razões fundamentais para o abandono da produção de algodão em caroço, incluindo a queda da área semeada e da tonelada produzida. Simultaneamente, a COTONTCHAD está a ter dificuldades em produzir fibra de algodão em quantidades suficientes, bem como dificuldades financeiras, na sequência da descida dos preços mundiais, para pagar aos produtores e assegurar a logística e o pessoal.

[397] Entrevista com Deouyo, koumra, 09 de junho de 2017

CONCLUSÃO GERAL

Este estudo analisa a produção e a comercialização do algodão no Chade, centrando-se na sua evolução desde o período colonial até 2016. A política do algodão da administração colonial foi definida na convention commerciale du coton (convenção comercial do algodão) de 1928, no norte da AEF, que reuniu quatro empresas privadas, cada uma das quais responsável pela sua zona de exploração. A zona algodoeira do Chade foi confiada à COTONFRAN, uma sociedade de capitais maioritariamente belgas e neerlandeses.

Para o efeito, teve de assegurar a exploração da zona, distribuindo sementes aos agricultores e descaroçando o algodão colhido, que era depois exportado para o Havre para desenvolver as indústrias algodoeiras francesas. Assim, a administração colonial foi obrigada a forçar a população a interessar-se pela produção de algodão e teve de criar centros de investigação técnica agronómica para formar o pessoal de supervisão que iria acompanhar os agricultores no sistema de produção de algodão. Esta fase de formação não foi fácil, porque a falta de infra-estruturas de base adequadas no Chade levou a administração colonial a empreender o desenvolvimento da produção de algodão sem a necessária aplicação de condições e métodos de cultivo. Dada a ausência de ensino técnico nesta parte do AEF, a administração achou melhor adotar o sistema de cultura colectiva do algodão seguido pelas autoridades tradicionais. A partir de então, a ideia era medir com a corda as superfícies agrícolas atribuídas a um grupo de indivíduos com idades compreendidas entre os 15 e os 50 anos para a cultura obrigatória do algodão. Este comportamento é prova suficiente de que a cultura do algodão complementa outras necessidades coloniais. Por esta razão, as populações das zonas algodoeiras, nomeadamente na região de Mandoul Oriental, tentaram resistir a esta ameaça brutal através de revoltas espontâneas. Estas tiveram um resultado positivo, porque os produtores de algodão foram recompensados e beneficiaram de apoio técnico para o desenvolvimento da cultura do algodão, que podia ser aplicado às culturas alimentares.

A administração colonial implantou a cultura de tração animal e a mecanização com vista ao sector, o que poderia, sem dúvida, conduzir a um relançamento da intensificação da cultura do algodão. O êxito deste relançamento dependeu essencialmente da sinergia de acções entre os principais intervenientes, cada um dos quais desempenhou plenamente o seu papel. No sul do Chade, em geral, e na região de Mandoul Oriental, em particular, os agricultores têm acesso a factores de produção e a equipamentos agrícolas fornecidos pelo COTONTCHAD e pelo ONDR, subvencionados pelo Estado para o desenvolvimento rural. No entanto, antes da era petrolífera, o algodão continuava a ser uma fonte importante da economia do Chade, mas sofreu uma crise importante nos últimos anos. Esta situação provocou uma baixa dos preços para os produtores de algodão e, por conseguinte, uma diminuição da produção de algodão. A retirada do ONDR do controlo obrigou o COTONTCHAD a associar-se ao AGRIS para formar agentes do algodão, que passaram a ser responsáveis pelo acompanhamento dos agricultores.

Os agricultores viram os seus interesses ameaçados pela queda dos preços de compra, pelos elevados custos dos factores de produção e pelos atrasos na cobrança e no pagamento. Por este motivo, alguns agricultores abandonaram a produção de algodão. Outros continuaram a cultivar algodão na esperança de obterem acesso a factores de produção não só para as culturas de rendimento mas também para as culturas alimentares.

Num contexto rural marcado pela pobreza e pelo subequipamento, estas mudanças submeteram as populações a múltiplos constrangimentos e desafios que enfraquecem os seus sistemas de produção e as levam a sobre-explorar os recursos naturais para diversos fins. No entanto, a principal preocupação da produção de algodão continua a ser a gestão do espaço agrário para melhorar as condições de desenvolvimento agrícola e pastoril. Em muitos casos, estas actividades competem pela utilização dos recursos naturais, levando os agricultores a procurar soluções quando o futuro de um ou outro sistema é ameaçado. Na realidade, os agricultores são obrigados a gerir corretamente as suas terras para garantir uma utilização harmoniosa que favoreça a agricultura e a pecuária, mas o problema resume-se à má utilização destes recursos pelos actores envolvidos. Esta situação reflecte, em parte, os problemas de posse da terra na região com a dinâmica da agricultura e da criação de gado, enquanto a procura de novas terras leva os agricultores a ocuparem os corredores de gado. A este respeito, é difícil avaliar a importância de uma destas actividades em detrimento da outra, uma vez que os produtores estão socialmente unidos no sistema, enquanto os pastores estão dispersos no sistema de transumância. Compreendemos que a criação de gado está no centro da dinâmica da gestão do espaço rural, um desenvolvimento encorajado como substituto da crise do algodão. A cultura do algodão desempenhou um papel importante no desenvolvimento do país, mas os produtores enfrentam atualmente uma série de problemas nos domínios da produção e da comercialização. A COTONTCHAD-SN tem registado dificuldades financeiras, logísticas e estruturais, que se traduzem em custos de transporte internos e externos elevados. Estes problemas devem-se em grande parte à queda dos preços mundiais das fibras, que enfraqueceu a empresa chadiana do algodão.

FONTES E REFERÊNCIAS BIBLIOGRÁFICAS PHIQUES

I-Sources

1) Fontes de arquivo

- Relatório da comuna de Koumra, 2014, Plano de desenvolvimento comunal.
- Relatório da sub-prefeitura de Koumra, 2009, Recenseamento da população de Mandoul Oriental.
- Relatório do Presidente TOMBALBAYE, 27 de agosto de 1974.
- Ministério das Finanças Ultramarinas, A.E.F, Chade, B.D.I.C.
- FAO, 2004, Programme National d'Investissement à Moyen Terme (PNIMT) au Tchad.
- Secretário de Estado dos Negócios Estrangeiros, 1968, Plano de Economia e Desenvolvimento, B.D.I.C.
- Relatório sobre o plano de ação e desenvolvimento no Chade.
- Relatório de atividade da produção industrial, 1957-1965, fábrica de cerveja Logone e empresa CYCLOTCHAD.
- COTONTCHAD, Guide pratique des activités commerciales de coton graine.
- NPKSB: Tipo de fertilizante complexo utilizado na zona algodoeira do Chade.
- Banco Mundial Washigton, DC, 2008, Relatório final sobre a organização e as perspectivas das cadeias de produtos de base africanas: lições das reformas.
- Relatório de vacinação animal 2015, Ministério da Pecuária da região de Mandoul Oriental.
- COTONTCHAD-SN e Ministério da Agricultura, 2016, Rapport d'activités agricoles.
- Diretion Huilerie Savonnerie, 2012, Relatório de atividade de produção e comercialização.
- Ctrc, 2006, Rapport de mise en place des Comités de Coordinations Locaux.
- Ctrc, 2006, Réforme de la filière coton au Tchad. Relatório de progresso.
- ITRAD, 2007, Rapport d'activités de la production semencière du coton au Tchad.
- Relatório (Chade), 1971, Protocolo de Acordo entre COTONTCHAD, ONDR, IRCT, DGRHA, DRHFRP e FIR.
- Société Cotonnière du Tchad, 2011, Apresentação do plano de reestruturação CO-TONTCHAD-SN (Société Nouvelle).
- Document de stratégie de reformes du secteur coton tchadien, 1999: adopté par le Haut Comité International. República do Chade, Comité Técnico do ICH.
- Guias práticos para mercados autogeridos.
- Relatório de atividade comercial, Diretion Huilerie Savonnerie Moundou (Chade).
- COTONTCHAD, 2009, Rapport des campagnes agricoles et commerciales.

3) Fontes orais

N°	Nomes completos	Idade	Género	Profissão	Grupo étnico	Data da entrevista	Local de manutenção
1	Adamou	46	M	Balança de amostras para fibra de algodão	Gourane	14-06-2017	Koumra
2	Adoumngué	49	M	Professor	Sara	21-06-2017	Koumra
3	Alladoumngue	35	M	Piquete de incêndio CT-SN	Sara	11-06-2017	Koumra
4	Allangombaye	35	M	Estudante	Sara	15-07-2017	Koumra

5	Allarayem	46	M	Retalhista	Sara	22-06-2017	Ngandou
6	Allarayem	58	M	Condutor Silo CT-SN	Nar	13-06-2017	Koumra
7	Beramgoto	56	M	Agente de coordenação local CT-SN	Goulaye	08-06-2017	Koumra
8	Bolnan Elias	47	M	Cultivador	Sara	23-06-2017	Kemkian
9	Deouyo	53	M	Supervisor CT-SN	Ngambaye	07-06-2017	Koumra
10	Didjenbaye	52	M	CT-SN Entrada Armazenista	Goulaye	09-06-2017	Koumra
11	Djadimadje	42	M	CT- Trabalhador SN	Sara	07-06-2017	Koumra
12	Djainadaye	48	M	Cultivador	Sara	09-06-2017	Koumra
13	Djasngombaye	53	M	Cultivador	Sara	23-06-2017	Kemkian
14	Djimadjim	24	M	Estudante	Sara	07-07-2017	Koumra
15	Djimhotongué	38	M	Cultivador	Sara	12-06-2017	Koumra
16	Djimhoudjeta	23	M	agricultor	Sara	16-06-2017	Kotkouli
17	Djimrangaye	47	M	Cultivador	Sara	24-06-2017	Koko
18	Djimtolabaye	51	M	Gestor de turnos CT-SN	Sara	14-06-2017	Koumra
19	Guidimbaye	58	M	Presidente da Câmara	Goulaye	19-06-2017	Koumra
20	Hoiadi Sidónio	43	F	Agricultor	Sara	16-06-2017	Kotkouli
21	Kosramadje	46	M	Cultivador	Sara	26-05-2017	Mousminda
22	Madjadoum	38	M	Médico	Gor	10-06-2017	Koumra
23	Madjeyenane	39	M	Piquete de incêndio CT-SN	Sara	11-06-2017	Koumra
24	Madjissembaye	46	M	Cultivador	Sara	24-06-2017	Koko
25	Maikoe	65	M	Cultivador	Sara	22-06-2017	Ngandou
26	Marmai	43	M	A P E F C	Gor	14-06-2017	Koumra
27	Mbaitoloum	34	M	Estudante	Ngabaye	12-07-2017	Koumra
28	Mbang-adoumbé	57	M	Presidente AV.	Sara	21-06-2017	Nderguigui
29	Mognara	57	M	agricultor	Sara	24-06-2017	Ngomana
30	Mounmotoi	59	F	Empregada doméstica	Sara	18-06-2017	Bessada
31	Nanhotomadje	58	M	Delegado cantonal	Sara	20-06-2017	Ndangtori
32	Nantoyim-kingar	54	M	Chefe de aldeia	Sara	16-06-2017	Kotkouli
33	Nassarém	56	M	Cultivador	Sara	05-06-2017	Koumra
34	Neldissengar	54	M	Anúncio do Presidente da Câmara.	Goulaye	19-06-2017	Koumra
35	Ngar-idjimte	62	M	agricultor	Sara	18-06-2017	Bessada
36	Ngaryedji	46	M	Tocadores de bola	Goulaye	14-06-2017	Koumra
37	Nguemadjibaye	53	M	Cultivador	Sara	07-07-1017	Bessada
38	Nguenanbaye	37	M	Cultivador	Sara	23-06-2017	Kemkian

39	Oumar	32	M	Balança de ponte CT- comutador SN	Zaguawa	14-06-2017	Koumra
40	Pafing Chiakré	54	M	RAC CT-SN	Moundang	12-06-2017	Koumra
41	Ra-adoumadje	58	M	Cultivador	Sara	26-05-2017	Mousminda
42	Ramadi	37	F	Empregada	Sara	21-06-2017	Kotkouli
43	Rassemadji	52	M	Cultivador	Sara	24-06-2017	Begue
44	Rimtoibaye	64	M	Chefe de sector ONDR	Goulaye	06-06-2017	Koumra
45	Roidji	22	F	Empregada	Sara	13-06-2017	Koumra
46	Sadjinan	37	M	Retalhista	Sara	24-06-2017	Koko
47	Sillenengar	63	M	Cultivador	Sara	24-06-2017	Ngomana
48	Tchadingar	64	M	Cultivador	Sara	19-06-2017	Koumra
49	Telembaye	53	M	Diretor da fábrica CT-SN	Ngambaye	13-06-2017	Koumra
50	Vaitchiou	56	M	Chefe da oficina de descasque de sementes de algodão	Moundang	20-06-2017	Koumra
51	Y emingaye	64	M	Cultivador	Sara	22-06-2017	Ngandou
52	Y engar André	65	M	Professor	Sara	20-06-2017	Koumra

II-Bibliografia

1) Publicações

- [e]Anon, 1991, *Mémento de l'agronome,* Ministère de la Coopération et du Développement, 4 Edition, Paris, Coleção "Techniques Rurales en Afrique".
- Berthelot, J., 2001, *La mise en boites du soutien interne ; Attention aux étiquettes mensongères*, Paris, Montpellier.
- Beyem, R., 2000, Tchad : *l'ambivalence culturelle et l'intégration nationale*, Paris, L'Harmattan.
- Bouquet, 1982, *Tchad, genèse d'un conflit,* Paris, L'Harmattan.
- Boussard, J., 2005, *Libéraliser l'agriculture mondiale, Théories, modèles et réalités,* Paris, Monpellier.
- Braud, M., 1990, *La filière coton en Afrique de l'Ouest et du Centre, un îlot de progrès dans un Océan de morosité*, Paris [FR]: CIRAD-IRCT.
- Buijtenhuijs, R., 1978, *Le Frolinat et les révoltes populaires du Tchad* (19651976), Paris, Mouton.
- Cabot, J. e DIZIAIS, R., 1955, Population du Moyen Logone (Cameroun et Tchad), "L'Homme d'Outre-Mer", Paris, O.R.S.T.O.M.
- Chevalier, P. S., 1949, *Le coton*, Paris, PUF.
- Diguimbaye, G. e Langue, R., 1969, *L'essor du Tchad*, Paris, PUF.
- Ela, J-M., 1994, Afrique : *l'irruption des pauvres. Société contre l'Ingérence, pouvoir et Argent*, Paris, L'Harmattan.

> Floret, F., 1993, *La jachère en Afrique tropicale*, Paris, Unesco, dossier MAAB.

> Georges, R., 1989, Le coton en Afrique de l'Ouest et du Centre. Situação e perspectivas, Montpellier: CIRAD-MESRU.

> Hazard, E., 2005, *Enda prospectives dialogues politiques*, enda éditions, Dakar.

> Hechscher, E., 1972, *Echange international et croissant, Economica*, Paris, PUF.

> Jean-Louis, C., 2003, *Cultures vivrières et commerciales en Afrique Occidentale*; le ourd collection, question de géographie, Nantes (França), Éditions du temps.

> Kraft, J., 1999, *Le processus de concurrence,* Economica, Paris, Gallimard.

> Lemoinet, Tchad, 1960-1990, *Trente années d'indépendance,* Paris, Lettre du monde.

> Levrat, R., 1950, *le coton en Afrique Occidentale et centrale avant 1950*, L'Harmattan.

> Levrat, R., 1950, *le coton en Afrique Occidentale et Centrale avant 1950, un exemple de la politique coloniale de la France*, Etudes africaines, Paris, L'Harmattan.

> Madana Nomay, 2001, *Les politiques éducatives au Tchad,* Paris, L'Harmattan.

> Maurois, A., 1937, Dictionnaire Larousse, Paris, Gallimard.

> Montchretien, A., 1993, *Histoire des pensées économiques*, Paris, Sirey.

> Pairault, 1994, *Le retour au pays d'Iro, chronique d'un village du Tchad*, Paris, Karthala.

> Reoungal, D., 2008, *Diagnostic agraire en zone cotonnière du Tchad, cas du village de Nguette*, Paris, L'Harmattan.

> Robinson, J., 1993, *L'économie de la concurrence imparfaite*, Paris, Dunod.

> Sarraut, A., 1932, *La mise en valeur des colonies françaises*, Paris, Payot.

2) Teses

> Abakar Gouni Ousman, 2009-2010, "Le commerce extérieur du Tchad de 1960 à nos jours", tese de doutoramento, Universidade de Estrasburgo.

> Abakar Kassambara Abdoulaye, 2010, "La situation économique et sociale du Tchad de 1900 à 1960", tese de doutoramento na Universidade de Estrasburgo.

> Aboubakar Ali Kore, 2011, "La socialisation politique au Tchad. Analyse critique du contenu des livres Scolaires pour la période 1960-2005", tese de doutoramento, Universidade de Franche-Comté.

> Kibassim Bagrim, 1975, "Agriculture commerciale, modernisation et développement rural en zone cotonnière, exemple du Moyen Chari", tese de doutoramento em Sociologia do Desenvolvimento, Universidade de Paris V.

> Macra Tadin, 1983, "L'intervention de l'État dans le secteur cotonnier au Tchad", tese de doutoramento em Direito Público, Universidade de Toulouse.

> Magnant, J-P., 1983, "Terre et pouvoir chez les populations dites 'Sara' du Sud du Tchad: la famille, l'individu et l'Etat, leur terroir et leur territoire", tese de doutoramento em Ciências Políticas, Universidade de Paris I.

> Magrin, G., 2001, "Le sud du Tchad en mutation : des champs du coton aux sirènes de l'or noir", tese de doutoramento em geografia, Universidade de Paris, Panthéon-Sorbonne.

> Nasura, H., 2002, "Les stratégies de développement et les politiques de sécurité alimentaire en Afrique subsaharienne. Le poids des incohérences", tese de doutoramento, Unité d'économie rurale, UCL.

> Reounodji, 2003, "Espaces, sociétés rurales et pratiques de gestion des ressources naturelles dans le Sud-Ouest du Tchad vers une intégration agriculture- élevage", tese de doutoramento, Universidade de Paris I/Panthéon-Sorbonne.

3) Memórias

> Armi, J., 2003, "L'économie cotonnière dans la région de Pala au Tchad (19252000)", tese

de mestrado em História, Universidade de Ngaoundéré.
> Djoubdje Alamine, 2013, "L'Impact de la culture du coton dans la Tandjile- Ouest (Tchad): 1930-2012", tese de mestrado em História, Universidade de Ngaoundéré.
> Mbainaissem, E., 2013, "Audit stratégique de la Cotontchad-SN", dissertação, Instituto de N'Djamena.
> Wawe Haroun, 2015, "Pratique de contrôle budgétaire, Cotontchad-SN", tese de mestrado profissional, Universidade de Ngaoundéré.

4) Artigos e publicações periódicas

> Arditi, C., 2004, "Des paysans plus professionnels que les développements? O exemplo do algodão no Chade (1920-2002)". *Tiers monde,* Ano 2004, Volume 31, Número 180.
> Bigot, Y., Raymond G., 1991, "Traction animale et motorisation en zone cotonnière d'Afrique de l'Ouest : Burkina Faso, Côte-d'Ivoire, Mali", CIRAD- DSA, CIRAD-IRCT, *Collection Documents Systèmes Agraires*, No. 14, CIRAD.
> Cabot, J., 1957, "La culture du coton au Tchad", *Annales de géographie, volume 66, número 358,* C.A.O.M.P.
> Charriere, G., 1984, "La culture attelée : un progrès dangereux", *caderno ORSTOM, série Sciences Humaines*, volume 20, números 3-4.
> Clanet, J. C., 1982, L'insertion des aires pastorales dans les zones sédentaires du Tchad central. *Cahiers d'Outre-Mer*, vol. 35, n° 139.
> FAO, 2005, "The State of Food and Agriculture. Comércio agrícola e pobreza": *Pode o comércio servir a pobreza*? Roma, FAO.
> Gaid, M., 1956, "Au Tchad, les transformations subies par l'agriculture traditionnelle sous l'influence de la culture cotonnière", Comité de Coordination de la Recherche Agronomique et de la Production Agricole. Gvt. Général de l'A.E.F.
> Gerald, E., 2006, "Le marché mondial du coton : Évolution et perspectives", *Cahiers Agricultures*, número 1.
> Haessler, C., et al. 2002, "Développement du cheptel au Sud Tchad : quelles politiques pour l'élevage des savanes ?", in Jamin J.Y., Seiny Boukar, 2002, Les *savanes africaines : des espaces en mutation, des acteurs face à de nouveaux défis.* Actas da conferência, Garoua, Camarões, N'Djamena, Chade.
> Lenfant, 1909, " le coton pousse à vue d'œil à proximité des cases par l'apathie de l'indigène, reste inutile et se perd ", *La découverte des Grandes Sources du Centre d'Afrique*, vol.37, N°54.
> Lhuilier, J., 1900-1950, Tchad, le " coton " *Tropique,* n° 328.
> Ngarlamulum, T. G., 2002, "l'organisation du travail agricole dans la ceinture verte de la ville de Kananga", *Annales de l'ISP-Kananga*, vol. XI.
> Pelissier, P., 1980, "L'arbre dans les paysages agraires de l'Afrique noire". *In l'arbre en Afrique tropicale, la fonction et le signe*, Cahiers ORSTOM, Série sciences humaines, vol. XVII. XVII.
> Peltre-Wurtz, J., 1984, "La charrue, le travail, l'arbre", *cahiers, série Sciences Humaines*, volume 20, números 3-4.
> Piguet, F., 2002, "Le concept de sécurité alimentaire", in N. S. Tircier e B. Sottas (eds.), *la sécurité alimentaire en question. Dilemmes, constats et controverses*, Paris, Karthala.
> Rameau, G., 1953, "L'élevage bovin au Tchad", *Revue internationale desproduits coloniaux et du matériel,* número 282, C.A.O.M.
> Roose, R., 1985, "Impact du défrichessement sur la dégradation des sols tropicaux", *le*

machinisme agricole tropical, número 87.
> Seignobos, C., 1981, "L'arbre et la cité dans la zone soudano-sahélienne, exemple du Tchad et Cameroun", *Revue de géographie du Cameroun*, numé- ro1.
> Stevelinck, W., 1953, "Le développement du coton dans la zone Mayo Kebbi, Logone et Moyen Chari", *Marches coloniaux du monde,* número 399, C.A.O.M.
> Stiglitz Joseph, E., e Charlton, A., 2005, "*For a fairer trade",* O.U. Press, Oxford.
> Ulrich Stuizinger, Chade, 1983, "mise en valeur", *algodão e desenvolvimento, Tiers-Monde, Ano 1983,* Volume 24, Número 95.

5) Fontes electrónicas

> A. ème Maurois, 1937, Dictionnaire de l'Académie française, 8 edição, Mercure de France, Paris, https://fr.wikionary.org/wiki/commerce, acedido em 30 de março de 2017.
> A. Smith, 1776, The Wealth of the Nation, http://www.leconomiste.eu/descryptage-economie/211-idée-clef-de-la-richesse- des-nations-d-adam-smith,html, acedido em 08 de março de 2017.
> B. Bathelot, 2015, "A enciclopédia ilustrada do marketing", https://www.google.com/search?q=marketing&ie=utf-8a&oe=utf-8, acedido em 26 de junho de 2017.
> C. Araujo-Bonjan e J.F. Brun, 2000, Les politiques de stabilisation des prix du coton en Afrique de la zone franc sont-elles condamnées? Versão revista de uma comunicação apresentada na conferência "Dynamique des prix et des marches de matièrespremières : analyseetprévision ", http://www.agriculture.gouv.fr/spip/IMG/pdf/coton_-marche.pdf, acedido em 14 de julho de 2017.
me> F. Perroux, 1964, *L'économie duXX siècle*, Paris, PUF, http://conte.U- bordeauX4.fr, consultado em 13 de março de 2017.
> Fille://D://coton-wikipedia.htm, consultado em 30 de março de 2017.
> http://www.dailymotion,com/video/Xcu89hproduction de-spiruline-au-lac-tchao lifestyle, acedido em 05 de março de 2017.
> http://www.dailymotion.com/video/Xcu89hproduction de - spiruline-au-Lac- tchao lifestyle, consultado em 09 de maio de 2017.
> https://fr.wikipedia.org/wiki. History of cotton growing, acedido em 30 de junho de 2017.
> https://www.aquaportail.com/definition_5841_developpement rural.htm, consultado em 30 de junho de 2017.
> J.C Chebath, B. G. Simard, 1971, *Le vendeur méconnu dans connu*, www.cnrt/en/definition/marketing, consultado em 26 de junho de 2017.
> J.J. Courtant et al, 1991, Le coton en Afrique de l'Ouest et du Centre, Ministère de la Coopération et du Développement, https://www.memoireoneline.com/09/09/2706/m_Effet_de-differentes-pratique- de-t, consultado em 07 de setembro de 2017.
> LesitedesEditionsLarousse , www.larousse.fr./encyclopedie/divers/commerce/35477, acedido em 30 de março de 2017.
> M. Fok, 2006, " Crises cotonnières en Afrique et problématique du soutien ", BASE [Enligne], volume10, numéro4, Biothenol. Agron. Soc. Environ, URL:http://pops.ulg.ac.be/1780-4507/index.php ?id=562, acedido em 07 de setembro de 2017.

> M. Sorto, 2006, L'amélioration de la qualité de Dihé, la spiruline récoltée au Tchad, Spirulinagadez.free.fr/0503pm.htm, consultado em 05 de março de 2017.

> P. Artus, 1998, "As empresas francesas vão voltar a arrancar? s'endetterter?", *Revue d'économie financière n°46*, Endettement/Surendettement, https://www.jstor.org/stable/42903599? Seq=1#page_scan_tab_contents, acedido em 27 de março de 2017

> Site Transports- Ministère de l'écologie, du développement et de l'aménagement durables: http://www.transports.equipement.gouv.fr, consultado em 26 de junho de 2017.

REPUBLIQUE DU CAMEROUN
Paix - Travail – Patrie

UNIVERSITE DE NGAOUNDERE
B.P. : 454 Ngaoundéré
E-mail : rectorat_ngaoundere@yahoo.fr

FACULTE DES ARTS, LETTRES ET SCIENCES HUMAINES

REPUBLIC OF CAMEROON
Peace - Work - Fatherland

UNIVERSITY OF NGAOUNDERE
P.O. Box: 454 Ngaoundéré
E-mail : rectorat_ngaoundere@yahoo.fr

FACULTY OF ARTS, LETTERS AND SOCIAL SCIENCES

Le Vice-Doyen chargé de la Recherche et de la Coopération
The Vice-Dean in charge of the Research and Cooperation

N° 159/17 /UN/DFALSH/CDH

Ngaoundéré, le 29 MAY 2017

ATTESTATION DE RECHERCHE

Le Vice-Doyen chargé de la Recherche et de la Coopération de la Faculté des Arts, Lettres et Sciences Humaines, de l'Université de Ngaoundéré, atteste que l'étudiant **BEYENAN NGARASNDI**, né vers 1990 à KINDIRI (Tchad), est inscrit en MASTER Recherche, au titre de l'année académique 2016-2017 dans la filière Histoire Economique et Sociale, suite à la décision **N°2016/331/UN/R/VR-EPDTIC/DAAC/DFALSH/VDSS**, sous le matricule **12B178LF**. Il effectue, dans le cadre de son Master, un travail de recherche sur le thème : **« La production et la commercialisation de coton au Tchad : cas de Koumra de 1949 à 2016 ».**

Nous le recommandons auprès des institutions, organismes et personnes ressources susceptibles de lui fournir des informations nécessaires à la réalisation de son étude.

En foi de quoi, la présente attestation lui est délivrée pour servir et valoir ce que de droit.

Le Vice-Doyen

Dr. Oubo Abdoul-Bagui
Chargé de Cours

COTONTCHAD SN

BORDEREAU D'EXPEDITION

Nº [illegible]

Magasin Expéditeur ______ Code ______ DESTINATAIRE ______ Code ______

N° Véhicule ______ CCI ______ Code AV ______

R	Nomenclature	Désignation	U	Qté	Prix unitaire	Valorisation	RESERVES
1							
2							
3							
4							
5							
6							
7							
8							
9							
10							

Magasinier Expéditeur	Le Chauffeur pour Prise en Charge après Contrôle
Nom :	Nom :
Prénom :	Prénom :
Date :	Date :
Signature :	Signature :

Réceptionné à	Réceptionné à
Par :	Par :
Fonction :	Fonction :
Date :	Date :
Signature :	Signature :

COTONTCHAD SN

BORDEREAU DE RECEPTION N° 0042349

☐ Externe ☐ Interne

N° Véhicule : ______ Nom Chauffeur : ______ Transporteur : ______

N° Commande : ______ Fournisseur : ______ Bordereau de Livraison N° ______ en date du ______

N° Bulletin de Mouvement : ______ en date du : ______ Magasin Expéditeur : ______ Code [| |]

Magasin Réceptionnaire : ______ Code ______

N	Nomenclature	Désignation	U (1)	Qté	Observations	Valorisation (Comptabilité)
1						
2						
3						
4						
5						
6						
7						
8						
9						
10						

(1) Doit être identique à celle des fiches de gestion des stocks magasin

Le Responsable d'Activité Pour Visa	Le Magasinier pour Prise en Charge Après Contrôle	RESERVES
Nom (2) ______ Prénom (2) ______ Date (2) ______ Signature (2) ______	Nom (2) ______ Prénom (2) ______ Date (2) ______ Signature (2) ______	

Exemplaires : 1-DFC, 2-Direction/Service Concerné, 3-Responsable du Magasin, 4-Transitaire, 5-Souche

(2) Obligatoire

Printed by Books on Demand GmbH, Norderstedt / Germany